U0312479

防雷装置设计技术
评价方法与应用

袁湘玲　周　倩　等编著

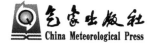

气象出版社
China Meteorological Press

内容简介

本书以理论为基础，以规范为标准，以防灾减灾为目的，结合作者多年的实践经验，介绍了防雷装置设计技术评价相关基础知识、技术评价的一般流程、防雷系统各部分技术评价的具体内容、常见技术问题及解决方法等，以期为防雷装置设计和防雷装置设计技术评价提供参考。

本书可供气象行业、施工建筑行业等从事防雷设计、施工的人员参考，也可供防雷装置设计的科研人员参考。

图书在版编目（CIP）数据

防雷装置设计技术评价方法与应用／袁湘玲等编著
. —北京：气象出版社，2018.7
ISBN 978-7-5029-6809-0

Ⅰ．①防…　Ⅱ．①袁…　Ⅲ．①防雷设施-评价　Ⅳ.
①TU895

中国版本图书馆 CIP 数据核字（2018）第 163837 号

防雷装置设计技术评价方法与应用

出版发行：气象出版社

地　　址：北京市海淀区中关村南大街 46 号　　　　邮政编码：100081
电　　话：010-68407112（总编室）　010-68408042（发行部）
网　　址：http://www.qxcbs.com　　　　　E-mail：qxcbs@cma.gov.cn
责任编辑：林雨晨　　　　　　　　　　　　　终　　审：吴晓鹏
责任校对：王丽梅　　　　　　　　　　　　　责任技编：赵相宁
封面设计：博雅思企划
印　　刷：三河市百盛印装有限公司
开　　本：710 mm×1000 mm　1/16　　　　　印　　张：10
字　　数：197 千字
版　　次：2018 年 7 月第 1 版　　　　　　　印　　次：2018 年 7 月第 1 次印刷
定　　价：50.00 元

《防雷装置设计技术评价方法与应用》
编写人员

主　　编：袁湘玲　周　倩

编写人员：钱　眺　陆明明　严　肃　齐海超

　　　　　宫翠凤　唐晓丽　程云峰

前　　言

　　雷电(也称为"闪电")是雷暴天气过程中发生的一种长距离、大电流、强电磁辐射的瞬时放电现象。雷击不仅可造成人畜伤亡,引发森林、建筑物火灾或油库、化工设施燃爆,而且还会造成电力和电子系统损坏,并严重干扰电子信息系统的正常运行。据不完全统计,我国每年因雷击造成人员伤亡达 3000～4000 人,财产损失在 50 亿～100 亿元人民币,而由此造成的间接经济损失则难以估计。鉴于雷电对人类生命财产安全和社会发展构成的严重威胁,联合国"国际减灾十年"将雷电灾害列为最严重的十种自然灾害之一。

　　在《中华人民共和国气象法》(1999 年)和《防雷减灾管理办法》(2000 年)实施之前,防雷设计含在建筑电气设计中,设计内容基本只是建筑物的直雷击防护,在电气设计中所占比重很小,不足以使电气专业设计人员重视。但随着经济建设的发展,雷电所造成的灾害却无法轻视。1999 年颁布的《中华人民共和国气象法》,从法律上明确将防雷减灾管理纳入气象部门管理范畴。"气象法"的实施,促进了我国防雷安全管理的法制化和雷电防护技术的规范化发展,为防雷减灾工作的顺利有序开展奠定了行政基础。2000 年中国气象局发布了《防雷减灾管理办法》,并于 2004 年、2011 年和 2013 年对《防雷减灾管理办法》进行了多次修订,明确了防雷装置的设计实行审核制度。为贯彻落实上述法规,各地相继出台了相应的地方法规,进一步细化了防雷主管部门的管理职责,与此同时,气象部门逐步颁布了一系列防雷技术标准,逐渐建立了防雷安全管理及技术标准体系,使防雷减灾工作逐步走向法制化,制度化,科学化和规范化。由此,各级政府高度重视防雷减灾工作,项目建设单位、设计单位及施工单位普遍提高了对防雷安全工作的重视程度,提高了全社会对防雷减灾工作的认识。雷电防护也从以前只侧重建筑物直击雷防护发展为统筹内、外部,兼顾强、弱电的多方位综合防护。

　　随着社会科技和经济发展,防雷涉及的领域愈发广泛深入,专业性也愈发细化。2016 年国务院印发了《国务院关于优化建设工程防雷许可的决定》明确了防雷装置设计审核依照建设和使用性质由住房城乡建设部门、气象部门、各专业部门分别负责监管,这种防雷装置设计审核专业化的监管对于保证防雷装置有效、安全、可靠运行是十分必要的。

　　为做好防雷设计审核监管，规范防雷装置设计技术评价、统一技术服务标准，作者结合多年防雷工作经验，以理论为基础，以规范为标准，以防灾减灾为目的，编写了本书，力求使规范中的原则有效落实于实践，使规范指导下的实践更具可行性。

　　本书由黑龙江省气象局软科学项目"防雷装置设计技术评价方法研究"资助。主要介绍了防雷装置设计技术评价基本项目、相关基础知识、技术评价的一般流程、防雷系统各部分技术评价的具体内容、常见技术问题及解决方法等，以期为防雷装置设计和防雷设计技术评价提供参考。

　　由于作者水平有限，书中错误难免，敬请读者批评指正！

作　者

2017 年 9 月

目　　录

第 1 章 防雷装置设计技术评价概述

1.1 防雷装置设计技术评价的目的和意义

随着社会经济的快速发展,城市化进程的不断加快,建筑技术的日益更新,现代化建筑逐渐朝着高层化、多功能化发展。21 世纪更是电子信息化社会,各种功能的电子、电气设备广泛使用于人们的社会生产和日常生活中,而这些设备的耐受过电压能力较低,与人频繁近距离接触,发生雷击时所产生的电磁效应、热效应等不仅对系统设备造成干扰、损坏,甚至会危及人们的生命安全。因此,需要采取更全面、更有效的防雷措施,保障人们的生命安全,减少雷电对建筑物及电子、电气设备的损害。这首先要求防雷装置的设计要科学、完善、合理,而防雷设计技术评价可以从设计源头上控制防雷装置技术、质量、性能,及时纠正设计缺陷,确保防雷设计符合防雷理论与国家技术标准,降低防雷工程先期成本,避免后期整改资金浪费;同时,在防雷设计技术评价中,对不同的建筑物或电子信息系统的特殊性,能够有针对性地提出设计建议,优化设计,保证防雷装置设计的安全可靠、技术先进、经济合理,更好地保护人们的生命和财产安全。

1.2 防雷装置设计技术评价的分类

防雷装置设计技术评价分为三种情况,第一种情况,房屋建筑工程和市政基础设施工程防雷装置设计审核、竣工验收整合纳入建筑工程施工图审查、竣工验收备案,统一由住房城乡建设部门监管;第二种情况,油库、气库、弹药库、化学品仓库、烟花爆竹、石化等易燃易爆建设工程和场所,雷电易发区内的矿区、旅游景点,或者投入使用的建(构)筑物、设施等需要单独安装雷电防护装置的场所,以及雷电风险高且没有防雷标准规范、需要进行特殊论证的大型项目,由气象部门负责防雷装置设计审核和竣工验收许可;第三种情况,公路、水路、铁路、民航、水利、电力、核电、通信等专业建设工程防雷管理,由各专业部门负责。

根据综合防雷系统的组成元素,我们将防雷装置设计情况分为建筑物防雷类别、接闪器、引下线、接地装置、屏蔽、等电位连接及浪涌保护器等几部分进行评价。

1.3　防雷装置设计技术评价工作流程

为使防雷设计科学合理,防雷设计技术评价人员应本着科学性、经济性和合理性的原则,严格按照有关防雷规范,统筹考虑各方面的因素,进行防雷设计技术评价,纠正防雷设计中的缺陷和错误。

防雷装置设计技术评价工作流程如下。

(1)阅读总平面图、建筑说明和消防设计说明,了解建设项目区域布局、建筑结构、性质、用途、幢数、层数、高度、总投资、总建筑面积、建筑密度、防火设计建筑分类和耐火等级、建筑物的地理位置和环境情况等;查看综合管网图,了解管网的分布、各种管道的间距、管网与建筑物如何衔接等情况。

(2)阅读建筑平面图、立面图和结构图等,把握每幢建筑物的建筑和结构概况、功能分区、房间的用途,以及诸如基础、裙楼、转换层、标准层、屋顶等重要部位的详细情况。由于现代建筑越来越追求屋顶和外立面造型的丰富和变化,应认真分析了解和掌握它们的情况,以便科学评价防雷设计。

(3)审阅防雷设计引用规范是否正确。根据建筑物的性质和重要性,发生雷灾后果的严重性,建筑物的地理位置、建筑高度,雷电活动规律和年预计雷击次数等确定建筑物的防雷类别;根据功能分区、房间用途、设备的性质和重要程度、设备的位置等确定内部防雷的层次,保护级数。

(4)阅读电气图,了解设备情况、强电设计情况和弱电设计情况。由于现代建筑越来越向智能化发展,其弱电设计的内容越来越复杂,对弱电设计应给予足够的重视。

(5)阅读电气设计总说明和防雷设计说明,掌握防雷设计总体情况和设计中未表达但需要补充的情况。

(6)审阅屋顶防雷平面图、基础接地平面图、均压环设计图、等电位连接图、转换层防雷平面图、幕墙防雷接地图等防雷设计图。评价屋顶防雷平面图应结合屋顶平面图和建筑立面图进行对应;评价接地平面图应结合基础平面图进行对应;技术评价时应运用系统思维方法对整体防雷设计进行全面思考,力求使整体防雷设计方案最优。

(7)填写技术评价报告书,写出技术评价结论。

1.4　建筑电气工程识图简介

1.4.1　图纸的规格

所谓图纸的规格就是图纸幅面大小的尺寸。为了做到建筑工程制图基本统一,清晰简明,提高制图效率,满足设计、施工、存档的要求,国家制定了全国统一的标准:《房屋建筑制图统一标准》(GB/T 50001—2010)。该标准规定,图纸幅面的基本尺寸为 5 种,其代号分别为 A0、A1、A2、A3、A4,各类尺寸大小如表 1.1 所列,图纸的格式如图 1.1 所示。

表 1.1　幅面及图框尺寸(mm)

尺寸代号	幅面代号				
	A0	A1	A2	A3	A4
b×d	841×1189	594×841	420×594	297×420	210×297
c	10			5	
a	25				

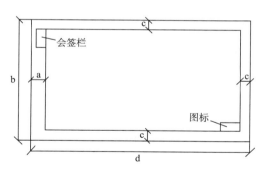

图 1.1　图纸的格式

1.4.2　图标与图签

图标和图签是设计图框的组成部分。图标是说明设计单位、图名、编号的表格,如图 1.2 所示,该图是某设计院图纸上图标的具体例子,仅供参考。图标的位置一般在图纸的右下角。图标的尺寸在国家标准中也有规定,其中长边的长度应为180 mm,短边的长度宜采用 40 mm,30 mm,50 mm 三种尺寸。

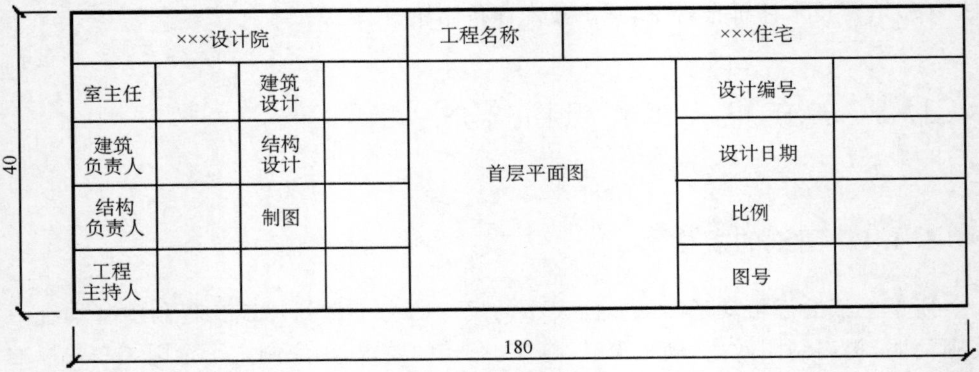

图 1.2　图标的格式

　　图签是供需要会签的图纸用的。一个会签栏不够用时,可另加一个,两个会签栏应并列;不需要会签的图纸,可不设会签栏。图签位于图纸的左上角,其尺寸应为75 mm×20 mm,栏内应填写会签人员所代表的专业、姓名、日期(年、月、日),图 1.3为图签的格式。

专业	姓名	日期

图 1.3　图签的格式

1.4.3　定位轴线

　　为了便于施工时定位放线,以及查阅图纸中相关的内容,在绘制建筑图样时通常将墙、柱等承重的构件的中心线作为定位轴线,如图 1.4。定位轴线应用细点画线绘制并编号,编号应注写在轴线端部的圆内。圆应用细实线绘制,直径为 8～10 mm。定位轴线圆的圆心应在定位轴线的延长线上或延长线的折线上。

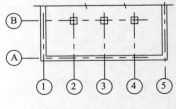

图 1.4　定位轴线

　　除较复杂需采用分区编号或圆形、折线形外,一般平面上定位轴线的编号,宜标注在图样的下方或左侧。横向编号应用阿拉伯数字,从左至右顺序编写;竖向编号应用大写拉丁字母,从下至上顺序编写。

1.4.4　图纸的比例与尺寸

（1）比例

图纸上标出的尺寸,并非建筑物的实际长度。如果按实足的尺寸绘图,几十米长的房子是不可能用桌面大小的图纸绘出来的,而是通过把所要绘的建筑物缩小几十倍、几百倍甚至上千倍才能绘成图纸。我们把这种缩小的倍数叫作"比例"。如在图纸上用图面尺寸为 1 cm 的长度代表实物长度 1 m(也就是代表实物长度 100 cm)的话,那么我们就称用这种缩小的尺寸绘成的图的比例叫作 1∶100,常用比例见表 1.2。

表 1.2　图纸常用比例

图名	常用比例	必要时可增加的比例
总平面图	1∶500,1∶1000,1∶2000	1∶2500,1∶5000,1∶10000
总图专业的断面图	1∶100,1∶200,1∶1000,1∶2000	1∶500,1∶5000
平面图、立面图、剖面图	1∶50,1∶100,1∶200	1∶150,1∶300
次要平面图	1∶300,1∶400	1∶500
详图	1∶1,1∶2,1∶5,1∶10,1∶20,1∶25,1∶50	1∶3,1∶4,1∶30,1∶40

（2）尺寸

1）尺寸的组成

一栋建筑物,一个建筑构件,都有长度、宽度、高度,它们需要用尺寸来表明它们的大小。平面图上的尺寸线所示的数字即为图面某处的长、宽尺寸。按照国家标准规定,图纸上除标高的高度及总平面图上尺寸用米为单位标志外,其他尺寸一律用毫米为单位。为了统一起见,所有以毫米为单位的尺寸在图纸上就只写数字不再标注单位了。如果数字的单位不是毫米,那么必须注写清楚。一个完整的尺寸由尺寸界线、尺寸线、尺寸起止符号、尺寸数字 4 部分组成,故常称为尺寸的四大要素,图样上的尺寸,应以尺寸数字为准,不得从图上直接量取。如图 1.5 所示。

2）坡度的标注

标注坡度时,在坡度数字下,应加注坡度符号,坡度符号用单面箭头,一般应指向下坡方向。其注法可用百分比表示,如图 1.6a 中的 2%;也可用比例表示,如图 1.6b 中的 1∶2;还可用直角三角形的形式表示,如图 1.6c 中的屋顶坡度。

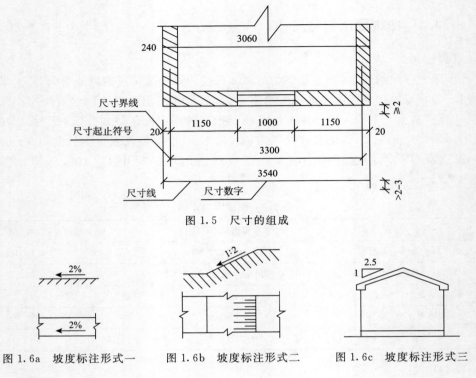

图 1.5　尺寸的组成

图 1.6a　坡度标注形式一　　图 1.6b　坡度标注形式二　　图 1.6c　坡度标注形式三

3) 标高

标高符号应以等腰直角三角形表示,如图 1.7a 用细实线绘制,如标注位置不够,也可按图 1.7b 所示形式绘制。总平面图室外地坪标高符号,宜用涂黑的三角形表示。标高符号的尖端应指至被注高度的位置。尖端一般应向下,也可向上。标高数字应注写在标高符号的左侧或右侧,如图 1.7c 所示。标高数字以米为单位,注写到小数点以后第 3 位。在总平面图中,可注写到小数字点以后第 2 位。零点标高应注写成±0.000,正数标高不注"+",负数标高应注"-",例如 3.000,-0.600。

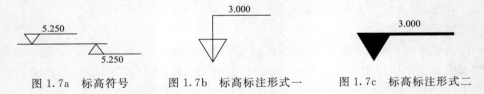

图 1.7a　标高符号　　　　图 1.7b　标高标注形式一　　　图 1.7c　标高标注形式二

1.4.5　文字符号

电气文字符号是用来表示电气设备、装置和元器件的种类和功能的代号,文字符号在电气工程图中,标注在电气设备、装置和元器件上或其近旁,用以表明电气设备、装置和元器件的名称、功能、状态和特征。文字符号可以作为限定符号与一般图形符号组合使用,派生新的电气图形符号。文字符号还可以作为项目代号,提供电气设备、装置和元器件的种类字母代码和功能字母代码。

文字符号分为基本文字符号和辅助文字符号,常用文字符号见表 1.3、表 1.4 和表 1.5。

（1）基本文字符号

基本文字符号可用单字母符号或双字母符号表示。

例如：“K”代表继电器、“KA”代表电流继电器、“KV”代表电压继电器；“Q”代表电力开关、“QS”代表隔离开关、“QF”代表断路器；“T”代表变压器,“TA”代表电流互感器、“TV”代表电压互感器等。

一般应优先采用单字母符号,只有当单字母符号不能满足要求,需要将大类进一步划分时,才采用双字母符号,以便更详细、更具体地表示电气设备、装置和元器件。

（2）辅助文字符号

辅助文字符号常加于基本文字符号之后进一步表示电气设备装置和元器件的功能、特征及状态等。例如 RD 表示红色,H 表示信号灯,红色信号灯则用 HRD 表示。

辅助文字符号也可以单独使用,如“ON”表示闭合。辅助文字符号也可以标注在图形符号处。

表 1.3　单字母符号

字母代码	项目种类	例子
A	组件、部件	分离元器件放大器、磁放大器、激光器、微波激发器、印制电路板；本表其他地方未提及的组件、部件
B	变换器 （从非电量到电量或相反）	热电传感器、热电池、光电池、测功计、晶体换能器、送话器、拾音器、扬声器、耳机、自整角机、旋转变压器
C	电容器	—
D	二进制单元 延迟器件 存储器件	数字集成电路和器件、延迟线、双稳态元件、单稳态元件、磁芯存储器、寄存器、磁带记录机、盘式记录机
E	杂项	光器件、热器件 本表其他地方未提及的元器件
F	保护器件	熔断器、过电压放电器件、避雷器
G	发电机、电源	旋转发电机、旋转变频机、电池、振荡器、石英晶体振荡器
H	信号器件	光指示器、声指示器
K	继电器、接触器	—
L	电感器 电抗器	感应线圈、线路陷波器 电抗器（并联和串联）

续表

字母代码	项目种类	例子
M	电动机	—
N	模拟集成电路	运算放大器、模拟/数字混合器件
P	测量设备 试验设备	指示、记录、测量设备、信号发生器、时钟
Q	电力电路的开关	断路器、隔离开关
R	电阻器	可变电阻器、电位器、变阻器、分流器、热敏电阻
S	控制电路的开关选择器	控制开关、按钮、限制开关、选择开关、选择器、拨号接触器、连接器
T	变压器	电压互感器、电流互感器
U	调制器 变换器	鉴频器、解调器、变频器、编码器、逆变器、交流器、电报译码器
V	电真空器件 半导体器件	电子管、气体放电管、晶体管、晶闸管、二极管
W	传输通道 波导、天线	导线、电缆、母线、波导、波导定向耦合器、偶极天线、抛物面天线
X	端子 插头 插座	插头和插座、测试塞孔、端子板、焊接端子片、连接片、电缆封端和接头
Y	电气操作的机械装置	制动器、离合器、气阀
Z	终端设备 混合变压器 滤波器、均衡器 限幅器	电缆平衡网络 压缩扩展器 晶体滤波器 网络

表 1.4　常用双字母符号

序号	名称	单字母	双字母
	发电机	G	—
	直流发电机	G	GD
	交流发电机	G	GA
	同步发动机	G	GS
1	异步发电机	G	GA
	永磁发电机	G	GM
	水轮发电机	G	GH
	汽轮发电机	G	GT
	励磁机	G	GE

续表

序号	名称	单字母	双字母
2	电动机	M	—
	直流电动机	M	MD
	交流电动机	M	MA
	同步电动机	M	MS
	异步电动机	M	MA
	笼型电动机	M	MC
3	绕组	W	—
	电枢绕组	W	WA
	定子绕组	W	WS
	转子绕组	W	WR
	励磁绕组	W	WE
	控制绕组	W	WC
4	变压器	T	—
	电力变压器	T	TM
	控制变压器	T	—
	升压变压器	T	TU
	降压变压器	T	TD
	自耦变压器	T	TA
	整流变压器	T	TR
	电炉变压器	T	TF
	稳压器	T	TS
	互感器	T	—
	电流互感器	T	TA
	电压互感器	T	TV
5	整流器	U	—
	交流器	U	—
	逆变器	U	—
	变频器	U	—
6	断路器	Q	QF
	隔离开关	Q	QS
	转换开关	Q	QC
	刀开关	Q	QK

序号	名称	单字母	双字母
7	控制开关	S	SA
	行程开关	S	ST
	限位开关	S	SL
	终点开关	S	SE
	微动开关	S	SS
	脚踏开关	S	SF
	按钮	S	SB
	接近开关	S	SP
8	继电器	K	—
	中间继电器	K	KM
	电压继电器	K	KV
	电流继电器	K	KA
	时间继电器	K	KT
	频率继电器	K	KF
	压力继电器	K	KP
	控制继电器	K	KC
	信号继电器	K	KS
	接地继电器	K	KE
	接触器	K	KM
9	电磁铁	Y	YA
	制动电磁铁	Y	YB
	牵引电磁铁	Y	YT
	起重电磁铁	Y	YL
	电磁离合器	Y	YC
10	电阻器	R	—
	变阻器	R	—
	电位器	R	RP
	启动电阻器	R	RS
	制动电阻器	R	RB
	频敏电阻器	R	RF
	附加电阻器	R	RA
11	电容器	C	—
12	电感器	L	—
	电抗器	L	—
	启动电抗器	L	LS
	感应线圈	L	—

续表

序号	名称	单字母	双字母
13	电线	W	—
	电缆	W	—
	母线	W	—
14	避雷器	F	—
	熔断器	F	FU
15	照明灯	E	EL
	指示灯	H	HL
16	蓄电池	G	GB
	光电池	B	—
17	晶体管	V	—
	电子管	V	VE
18	调节器	A	—
	放大器	A	—
	晶体管放大器	A	AD
	电子管放大器	A	AV
	磁放大器	A	AM
19	变换器	B	—
	压力变换器	B	BP
	位置变换器	B	BQ
	温度变换器	B	BT
	速度变换器	B	BV
	自整角机	B	—
	测速发电机	B	BR
	送话器	B	—
	受话器	B	—
	拾音器	B	—
	扬声器	B	—
	耳机	B	—
20	天线	W	—
21	接线性	X	—
	连接片	X	XB
	插头	X	XP
	插座	X	XS
22	测量仪表	P	—

表 1.5　常用辅助文字符号

序号	名称	符号	序号	名称	符号
1	高	H	16	交流	AC
2	低	L	17	电压	V
3	升	U	18	电流	A
4	降	D	19	时间	T
5	主	M	20	闭合	ON
6	辅	AUX	21	断开	OFF
7	中	M	22	附加	ADD
8	正	FW	23	异步	ASY
9	反	R	24	同步	SYN
10	红	RD	25	自动	A，AUT
11	绿	GN	26	手动	M，MAN
12	黄	YE	27	启动	ST
13	白	WH	28	停止	STP
14	蓝	BL	29	控制	C
15	直流	DC	30	信号	S

1.4.6　项目代号

为了更好地阅读电气工程图,需要了解项目代号的含义和组成。

(1)项目与项目代号

项目是指在电气技术文件中出现的各种电气设备、器件、部件、功能单元、系统等。在图上通常用一个图形符号表示。项目可大可小,灯、开关、电动机、某个系统都可以成为项目。

用以识别图、表图、表格中和设备上的项目种类,并提供项目的层次关系、实际位置等信息的一种特定的代号,称为项目代号。通过项目代号可以将不同的图或其他技术文件上的项目(软件)与实际设备中的该项目(硬件)一一对应和联系在一起。如某照明灯的项目代号为"＝4＋102—H3",则表示可在"4"号楼、"102"号房间找到照明灯"H3"。

(2)项目代号的组成

项目代号是由拉丁字母、阿拉伯数字、特定的前缀符号等按照一定的规律组成。

一个完整的项目代号由 4 个代号段组成,即高层代号、位置代号、种类代号、端子代号。在每个代号段之前还有一个前缀符号,作为代号段的特征标记。表 1.6 是项目代号的形式及符号。

表 1.6　项目代号的形式及符号

段别	名称	前缀符号	示例
第一段	高层代号	＝	＝S2
第二段	位置代号	＋	＋12B
第三段	种类代号	－	－A1
第四段	端子代号	：	：5

1）种类代号

用以识别项目种类的代号称为种类代号。种类代号段是项目代号的核心部分。种类代号由字母和数字组成，其中字母代号必须是规定的文字符号，其格式如图 1.8。

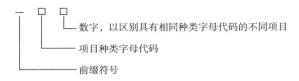

图 1.8　种类代号图

如：－KA1 表示第一个电流继电器，－S2 表示第 2 个电力开关。

2）高层代号

系统或设备中任何较高层次的项目代号，称为高层代号。例如某电力系统中的一个变电所的项目代号中，其中的电力系统的代号可称为高层代号；若此变电所中的一个电气装置的项目代号，其中变电所的代号可称为高层代号，其格式如图 1.9。

图 1.9　高层代号图

高层代号与种类代号同时标注时，通常高层代号在前，种类代号在后，如"＝2－Q1"，表示 2 号变电所中的开关 Q1。

高层代号可以叠加或简化，如"＝S1＝P1"可简化成"＝S1P1"。

如果整个图面均属于同一高层代号，则可将高层代号写在围框的左上方，以简化图面。

3）位置代号

项目在组件、设备、系统或建筑物中的实际位置的代号叫位置代号。位置代号一般由自行选定的字符或数字表示，其格式如图 1.10。

例如：电动机 M1 在某位置 3 中，可表示为"＋3－M1"；102 室 A 列第 4 号低压柜的位置代号可表示为"＋102＋A＋4"。

图 1.10　位置代号图

4）端子代号

端子代号是用以同外电路进行电气连接的电器导电件的代号。端子代号一般采用数字或大写字母表示，其格式如图 1.11。

如：端子板 X 的 5 号端子，可标注为"－X：5"；继电器 K2 的 C 号端子，可标注为"－K2：C"。一般端子代号只与种类代号组合即可。

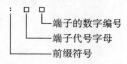

图 1.11　端子代号图

项目代号是用来识别项目的特定代码，一个项目可由一个代号段组成，也可用几个代号段组成，这主要看图纸的复杂程度。如 S 系统中的开关 Q2 在 H10 位置，其中的 B 号端子，可标注为"＝S＋H10－Q2：B"。

1.4.7　图形符号

图形符号用来表示电气设备或概念。电气图形符号由方框符号、符号要素、一般符号和限定符号组成。

（1）方框符号

方框符号用以表示元件、设备等的组合及其功能，既不给出元件、设备的细节，也不考虑所有连接的一种简单的图形符号，如正方形、长方形等图形符号，称为方框符号。常见的框图、流程图等均是仅由几个方框符号组成的电气图。

（2）符号要素

符号要素是一种具有确定意义的简单图形，必须同其他图形组合以构成一个设备或概念的完整符号。例如一个间热式阴极二极管，它是由外壳、阴极、阳极和灯丝四个符号要素组成，如图 1.12 所示。符号要素一般不能单独使用，只有按照一定的方式组合，才构成一个完整的符号。符号要素的不同组合，可构成不同的符号。

图 1.12　符号要素组成的图像符号

（3）一般符号

一般符号是用来表示某一大类的设备、器件和元件，通常是一种很简单的符号。如电阻、电机、开关等一般符号，如图 1.13 所示。

图 1.13　一般符号

（4）限定符号

限定符号是一种附加在其他符号上的符号，一般不代表独立的设备、器件和元件，用来说明某些特征、功能和作用等。限定符号一般不能单独使用，当在一般符号上分别加上不同的限定符号，可分别得到不同的专用符号。如图 1.14 所示，在开关的一般符号上加上不同的限定符号，可分别得到隔离开关、接触器、断路器、按钮开关、转换开关。限定符号一般不能单独使用，但有的一般符号可作为限定符号使用。

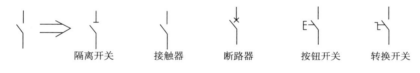

图 1.14　一般符号的扩展

（5）回路标号

为了表示电路中各回路的种类和特征，通常用文字符号和数字标注出来，叫回路标号。回路标号要按照"等电位"的原则进行标注，通常用三位或三位以下数字来表示。在交流一次回路中用个位数字的顺序区分回路的相别；用十位数字的顺序区分回路中的不同线段；对不同供电电源的回路用百位数字的顺序标号进行区分。在交流二次回路中，回路的主要压降元件、部件两侧的不同线段分别按奇数和偶数的顺序标号。如一侧按 1、3、5、7、……等顺序标号，另一侧按 2、4、6、8、……等顺序标号。图 1.15 以三相笼型异步电动机控制原理图为例给出回路标号示意图。

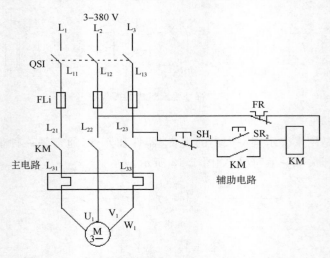

图 1.15　三相笼型异步电动机控制原理图

（6）表 1.7 列举出一些常用电气图形符号。

表 1.7　常用电气图形符号

编号	符号	名称
防雷平面图常用符号		
01		接闪杆
02		接闪带
03		接闪带（暗敷）
05		接闪网
06		接闪网（暗敷）
07		引下线
08		浪涌保护器 SPD

续表

编号	符号	名称
09		开关型 SPD
10		限压型 SPD
11		插座性 SPD
12		防雨型 SPD
13		防爆型 SPD
14	SPD	二端口 SPD
15		退耦器
16	RCD	剩余电流保护器
变配电工程		
17		变压器(三角形—星形连接)
18	M	三相感应电动机
19		电流互感器
20		电压互感器

编号	符号	名称
21		双绕组变压器
22		隔离变压器
23		电抗器
24		熔断器式隔离开关
25		熔断器开关
26		隔离开关
27		动作触点
28		手动开关
29		一般开关
30		空气断路器
31		接触器动合触点
32		按钮开关(动合)

续表

编号	符号	名称
33		按钮开关（动断）
34	或	操作器件或继电器的绕组（线圈）
35		热继电器
36	Ⓜ－－－－	电动机操作
37	∼／Ⅱ－	稳压器
38	UPS	不间断电源 UPS
39		熔断器
动力与照明设备		
40		配电箱
41		动力或动力—照明配电箱
42		照明配电箱（屏）
43		事故照明配电箱（屏）
44		信号板、信号箱（屏）
45		多种电源配电箱（屏）
46	⊗	灯或信号灯的一般符号

续表

编号	符号	名称
47		投光灯
48		聚光灯
49		防水防尘灯
50		球形灯
51		吸顶灯
52		壁灯
53		泛光灯
电子系统		
54		感烟火灾探测器
55		感温火灾探测器
56		感光火灾探测器
57		气体火灾探测器
58		手动火灾报警器
59		火灾报警控制器
60		光接收机

续表

编号	符号	名称
61	X/Y	编码器
62		分线箱
63	sw	程控交换机
64		火灾报警装置
65	C	云台摄影机
66	C	固定摄影机
67	MDF	配线架
68		电信插座
69	TV	电视接口插座
70	TP	电话接口插座
71	TD	数据接口插座

续表

编号	符号	名称
72		一般天线
73		卫星通信天线
接地装置		
74		接地模块
75		角钢垂直接地体
76		圆钢垂直接地体
77		圆钢水平接地体
78		扁钢水平接地体
79	MEB	总等电位连接板
80	LEB	局部等电位连接板
81		等电位连接端子
82		接地
83		保护接地
84		接地基准点 ERP
网络设备		
85		路由器

续表

编号	符号	名称
86	F	服务器
87	HUB	集线器（HUB）

第2章　防雷相关电路基础知识

2.1　电路的组成

人们在日常生活中经常使用到各种电器,其中很多都是应用直流电路原理工作的,比如手电筒。

电路是电流通过的闭合路径。它是由各种电气元件按一定的方式用导线连接组成的总体,电路的组成包括如下几部分。

(1)电源:供应电能的设备。如发电机、电池等。

(2)负载:使用电能的设备。如电灯、电扇、电动机等。

(3)控制装置:根据负载的需要,起分配电能和控制电路的作用。如变压器、控制开关等。

(4)导线:把以上组成部分连成电路,传输电能。

图2.1是手电筒电路的组成结构,也是最简单的电路。图中的干电池将化学能转换为电能,小灯泡取用电能并转换为光能,导线用来连接电源和负载,开关为电流提供通路,把电源的能量供给负载,并根据负载需要接通和断开电路。使用国家标准规定的符号来表示电路连接情况的图称为电路图。

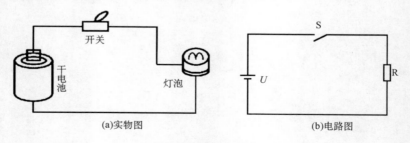

图2.1　简单的电路

电路的功能和作用有两类:一是进行能量的传输和变换,二是进行信号的传递与处理。例如,扩音机的输入是由声音转换而来的电信号,通过晶体管组成的放大电路,输出的便是放大了的电信号,从而实现了放大功能;电视机可将接收到的信号经过处理,转换成图像和声音。

电路中常用电气元件名称及图形符号见表2.1。

表 2.1　常用电气元件名称及图形符号

名称	符号	名称	符号
电池		电感	
电灯		磁芯电感	
电阻		电压表	
电位器		电流表	
电容		熔断器	
可调电容		接地	
电解电容		开关	
正极		直流	
负极		交流	

2.2　电路的基本物理量

(1)电流

电流是因电荷的定向移动而形成的。当金属导体处于电场之内时,自由电子会受到电场力的作用,逆着电场的方向做定向移动,这就形成了电流。电流的大小用电流强度来表示,即每秒内通过导体横截面的电荷量,以字母 I 表示。电流 I 的单位是 A(安培)。其大小和方向均不随时间变化的电流叫恒定电流,简称直流,记为 DC 或 dc。

在 1 s(秒)内通过导体横截面的电荷量为 1 C(库仑)时,其电流则为 1 A。对于恒定直流,电流用单位时间内通过导体截面的电量 Q 来表示,即:

$$I = \frac{Q}{t} \tag{2.1}$$

电流的单位也常用 mA(毫安)、μA(微安)或 nA(纳安)来表示,其换算关系为:
$1 \text{ kA} = 10^3 \text{ A}, 1 \text{ A} = 10^3 \text{ mA} = 10^6 \text{ } \mu\text{A} = 10^9 \text{ nA}$。

在简单电路中,电流的实际方向可由电源的极性确定;在复杂电路中,电流的方向有时事先难以确定。为了分析电路的需要,人们便引入了电流的参考正方向的概念。在进行电路计算时,先任意选定某一方向作为待求电流的正方向,并根据此正方向进行计算,若计算得到结果为正值,说明电流的实际方向与选定的正方向相同;若计算得到结果为负值,说明电流的实际方向与选定的正方向相反,如图 2.2 所示。图中实线箭头表示电流的参考正方向,虚线箭头表示实际方向。

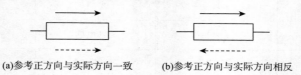

(a)参考正方向与实际方向一致　　　(b)参考正方向与实际方向相反

图 2.2　电流的标示

(实线箭头:电流的参考正方向;虚线箭头:电流的实际方向)

(2)电压

电场力把单位正电荷从电场中点 A 移到点 B 所做的功 W_{AB} 称为 A、B 间的电压,用 U_{AB} 表示,即:

$$U_{AB} = \frac{W_{AB}}{Q} \tag{2.2}$$

电压的单位为 V(伏特)。如果电场力把 1 C 电量从点 A 移到点 B 所做的功是 1 J(焦耳),则 A 与 B 两点间的电压就是 1 V。计算较大的电压时用 kV(千伏),计算较小的电压时用 mV(毫伏),其换算关系为:$1\ kV = 10^3\ V, 1\ V = 10^3\ mV = 10^6\ \mu V$。

电压总是相对两点之间的电位而言的,所以用双下标表示,左下标(如 A)代表起点,右下标(如 B)代表终点。电压的方向则由起点指向终点,有时用箭头在图上标明。如图 2.3 所示,图 2.3a 中 U_{AB} 为电压的实际方向,当标定的参考方向与电压的实际方向相同时,电压为正值;当标定的参考方向与实际电压方向相反时,电压为负值,如图 2.3b 所示。

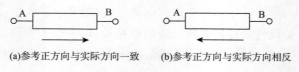

(a)参考正方向与实际方向一致　　　(b)参考正方向与实际方向相反

图 2.3　电压的标示

电路元件的电流参考方向与电压参考"＋"极到"－"极的方向一致,即电流与电压降参考方向一致,这样的电压和电流的参考方向称为一致的参考方向或关联的参考方向。

(3)电动势

为了维持电路中有持续不断的电流,必须有一种外力,把正电荷从低电位处(如负极 B)移到高电位处(如正极 A)。在电源内部就存在这种外力。如图 2.4 所示,外力克服电场力把单位正电荷由低电位 B 端移到高电位 A 端,所做的功称为电动势,用 E 表示。电动势的单位也是伏特。如果外力把 1 C 的电量从点 B 移到点 A,所做的功是 1 J,则电动势就等于 1 V。

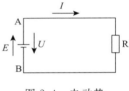

图 2.4 电动势

(4)电功率

在直流电路中,根据电压的定义,电场力所做的功是 $W = QU$。把单位时间内电场力所做的功称为电功率 P,则有:

$$P = \frac{W}{t} = UI = I^2 R = \frac{U^2}{R} \tag{2.3}$$

功率的单位是 W(瓦特)。对于大功率,采用 kW(千瓦)或 MW(兆瓦)作单位,对于小功率则用 mW(毫瓦)作单位。其换算关系为:$1\ MW = 10^3\ kW = 10^6\ W$,$1\ W = 10^3\ mW$。

在电源内部,外力做功,正电荷由低电位移向高电位,电流逆着电场力方向流动,将其他能量转变为电能,其电功率为:

$$P = E \cdot I \tag{2.4}$$

当已知设备的功率为 P 时,在 t 秒内消耗的电能为 $W = Pt$,电能就等于电场力所做的功,单位是 J(焦耳)。在电工技术中,往往直接用 W·s(瓦秒)作单位,实际上则用 kW·h(千瓦时)作单位,俗称 1 度电,1 度 = 1 kW·h。

【例 2.1】有一盏 40 W 的灯泡,每天用它来照明的时间为 5 h,那么每月(按 30 天计)消耗的电能为多少度?

【解】该电灯平均每月工作时间为 $t = 5 \times 30 = 150$ h,则

$$W = P \cdot t = 40 \times 150 = 6000\ W \cdot h = 6\ kW \cdot h = 6\ 度$$

2.3 电阻和欧姆定律

导体对电流(直流)的阻碍作用称为导体的电阻,用 R 或 r 表示,单位是 Ω(欧姆,简称欧)。例如灯泡、电阻丝等负载都是电阻。

电阻的表达式为:

$$R = r \frac{L}{S} \tag{2.5}$$

式中,R 为电阻值,国际单位制单位为 Ω(欧),常用的电阻单位还有 kΩ(千欧),MΩ(兆欧),其换算关系为 $1\ MΩ = 10^3\ kΩ = 10^6\ Ω$;$r$ 为制成电阻的材料电阻率,国际单位制单位为 Ω·m(欧姆·米);L 为绕制成电阻的导线长度,国际单位制单位为 m(米);

S 为绕制成电阻的导线横截面积,国际单位制单位为 m²(平方米)。

电阻的倒数 $G=\dfrac{1}{R}$ 称为电导,它的单位是 S(西门子)。

电阻率 r 反映了导体的导电性能,电阻率越小,导电性能越好,常用导体的电阻率见表 2.2。

表 2.2　常用导体的电阻率

材料名称	电阻率 $r(\Omega \cdot m)(20℃)$
银	1.6×10^{-8}
铜	1.7×10^{-8}
铝	2.8×10^{-8}
钨	5.5×10^{-8}
镍	7.3×10^{-8}
铁	9.8×10^{-8}
锡	1.14×10^{-7}
铂	1.05×10^{-7}
锰铜(85％铜＋3％镍＋12％锰)	$(4.2 \sim 4.8) \times 10^{-7}$
康铜(58.8％铜＋40％镍＋1.1％锰)	$(4.8 \sim 5.2) \times 10^{-7}$
镍铬丝(67.5％镍＋15％铬＋16％碳＋1.5％锰)	$(1.0 \sim 1.2) \times 10^{-6}$
铁铬铝	$(1.3 \sim 1.4) \times 10^{-6}$

(1)部分电路的欧姆定律

如图 2.5 所示,该电路是不含电动势、只含有电阻的一部分电路。用欧姆定律可表示为:

$$U = IR(U \text{ 与 } I \text{ 方向相同}) \tag{2.6}$$

$$U = -IR(U \text{ 与 } I \text{ 方向相反}) \tag{2.7}$$

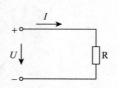 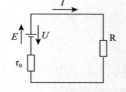

图 2.5　部分电路的欧姆定律　　　　图 2.6　闭合电路的欧姆定律

欧姆定律:导体中的电流 I 与加在导体两端的电压 U 成正比,与导体的电阻 R 成反比。

(2)全电路的欧姆定律

图 2.6 所示是简单的闭合电路,r_0 为电源内阻,R 为负载电阻,若略去导线电阻不计,则此段电路用欧姆定律表示为:

$$I = \frac{E}{R + r_0} \qquad (2.8)$$

式(2.8)的意义是:电路中流过的电流,其大小与电动势成正比,而与电路的全部串联电阻之和成反比。电源的电动势和内电阻一般认为是不变的,所以,改变外电路电阻,就可以改变回路中的电流大小。

【例 2.2】如图 2.7 所示,当单刀双掷开关 S 合到位置 1 时,外电路的电阻 $R_1 =$ 14 Ω,测得电流表读数 $I_1 = 0.2$ A;当开关 S 合到位置 2 时,外电路的电阻 $R_2 = 9$Ω,测得电流表读数 $I_2 = 0.3$ A。试求电源的电动势 E 及其内阻 r。

【解】根据闭合电路的欧姆定律,列出方程组:

$$E_1 = R_1 I_1 + r I_1 \text{(当 S 合到位置 1 时)}$$
$$E_2 = R_2 I_2 + r I_2 \text{(当 S 合到位置 2 时)}$$

解得:$r = 1$ Ω,$E = 3$ V。

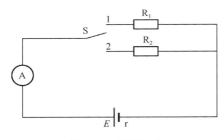

图 2.7　例题 2.2

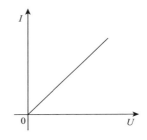

图 2.8　线性电阻的伏安特性

(3)线性电阻

电阻值 R 与通过它的电流 I 和两端电压 U 无关(即 $R =$ 常数)的电阻元件叫作线性电阻,其伏安特性曲线在 I-U 平面坐标系中为一条通过原点的直线,如图 2.8 所示。通常所说的"电阻",均指线性电阻。

(4)电阻电路的连接和计算

由于工作的需要,常将许多电阻按不同的方式连接起来,组成一个电路网络。

1)电阻的串联

如图 2.9 所示,由若干个电阻顺序地连接成一条无分支的电路,称为串联电路,图 2.9 中有 3 个电阻串联。

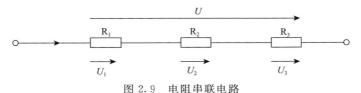

图 2.9　电阻串联电路

电流 I 只有一条通路,所以电路的总电阻 R 必然等于各串联电阻之和,即:

$$R = R_1 + R_2 + R_3 \tag{2.9}$$

R 称为电阻串联电路的等效电阻,而多个电阻串联时的计算关系如下。

①等效电阻

$$R = R_1 + R_2 + \cdots + R_n \tag{2.10}$$

②分压关系

$$\frac{U_1}{R_1} = \frac{U_2}{R_2} = \cdots = \frac{U_n}{R_n} = \frac{U}{R} = I \tag{2.11}$$

③功率分配

$$\frac{P_1}{R_1} = \frac{P_2}{R_2} = \cdots = \frac{P_n}{R_n} = \frac{P}{R} = I^2 \tag{2.12}$$

当两只电阻 R_1、R_2 串联时,等效电阻 $R=R_1+R_2$,则有分压公式

$$U_1 = \frac{R_1}{R_1 + R_2}U, U_2 = \frac{R_2}{R_2 + R_2}U \tag{2.13}$$

2)电阻的并联

将几个电阻元件都接在两个共同端点之间的连接方式称为并联。图 2.10 所示电路是由 3 个电阻并联组成的。

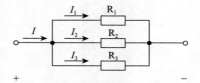

图 2.10　电阻的并联

设总电流为 I,电压为 U,总功率为 P,计算关系如下。

①等效电导

$$G = G_1 + G_2 + \cdots + G_n \tag{2.14}$$

即

$$\frac{1}{R} = \frac{1}{R_1} + \frac{1}{R_2} + \cdots + \frac{1}{R_n} \tag{2.15}$$

②分流关系

$$R_1 I_1 = R_2 I_2 = \cdots = R_n I_n = RI = U \tag{2.16}$$

③功率分配

$$R_1 P_1 = R_2 P_2 = \cdots = R_n P_n = RP = U^2 \tag{2.17}$$

当两只电阻 R_1,R_2 并联时,等效电阻 $R=\dfrac{R_1 R_2}{R_1 + R_2}$,则有分流公式

$$I_1 = \frac{R_2}{R_1 + R_2}I, \qquad I_2 = \frac{R_1}{R_1 + R_2}I \tag{2.18}$$

实际应用中,所用的电器在电路中通常都是并联运行的,属于相同电压等级所用的电器必须并联在同一电路中,这样才能保证它们都在规定的额定电压下正常工作。

【例 2.3】有三盏电灯接在 220 V 电源上,其额定值分别为 220 V、100 W,220 V、60 W,220 V、40 W,求总功率 P、总电流 I 以及通过各灯泡的电流及等效电阻。

【解】因外接电源符合各灯泡额定值,所以各灯泡能正常发光,故总功率为:

$$P = P_1 + P_2 + P_3 = 100 + 60 + 40 = 200 \text{ W}$$

总电流与各灯泡电流为:

$$I = \frac{P}{U} = \frac{200}{220} = 0.9 \text{ A}, I_1 = \frac{P_1}{U_1} = \frac{100}{220} = 0.45 \text{ A}$$

$$I_2 = \frac{P_2}{U_2} = \frac{60}{220} = 0.27 \text{ A}, I_3 = \frac{P_3}{U_3} = \frac{40}{220} = 0.18 \text{ A}$$

等效电阻为:

$$R = \frac{U}{I} = \frac{220}{0.9} = 244.4 \text{ } \Omega$$

2.4 电路的工作状态

(1)额定值

为了保证电气设备和电路元件能够长期安全地正常工作,所以规定了额定电压、额定电流、额定功率等铭牌数据。

额定电压:电气设备或电路元件在正常工作条件下允许施加的最大电压。

额定电流:电气设备或电路元件在正常工作条件下允许通过的最大电流。

额定功率:在额定电压和额定电流下消耗的功率,即允许消耗的最大功率。

额定工作状态:电气设备或电路元件在额定功率下的工作状态,也称满载状态。

轻载状态:电气设备或电路元件在低于额定功率下的工作状态,轻载时电气设备不能得到充分利用或根本无法正常工作。

过载(超载)状态:电气设备或电路元件在高于额定功率下的工作状态。过载时电气设备很容易被烧坏或造成严重事故。

(2)电源的通路、开路和短路

干电池、铅蓄电池及一般直流发电机等都是直流电源,它们是具有不变的电动势和较低内阻的电源,称其为电压源。

1)电源的通路

如图 2.11 所示,电压与电流的关系为:

$$I = \frac{E}{R_0 + R} \tag{2.19}$$

①功率的平衡

电源产生功率 ＝ 负载取用功率 ＋ 内阻及线路损耗功率 (2.20)

②电源与负载的判定

电源，U 与 I 的实际方向相反，电流从"＋"流出，发出功率；

负载，U 与 I 实际方向相同，电流从"＋"流入，取用功率。

③额定值与实际值

电源输出的功率和电流决定于负载的大小，当电气设备工作在最佳状态时各个量的值，称为额定值，电气设备所处的工作状态为实际值状态。实际值不一定等于其额定值。

电路中用的电器是由用户控制的，而且是经常变动的。当并联用的电器增多时，等效电阻 R 就会减小，而电源电动势 E 通常为一恒定值，且内阻 R_0 很小，电源端电压 U 变化很小，则电源输出的电流 I 和功率将随之增大，这时称为电路的负载增大。当并联用的电器减少时，等效负载电阻 R 增大，电源输出的电流 I 和功率将随之减小，这种情况称为负载减小。

2)电源的开路

当图 2.11 中的开关断开时，电源则处于开路状态，其特点为：

$$I = 0 \qquad U = U_0 = E \tag{2.21}$$

3)电源的短路

如图 2.12 所示，其特点为：

$$U = 0 \qquad I = I_\mathrm{s} = \frac{E}{R_0} \tag{2.22}$$

短路是一种很严重的事故，应尽量避免。为了防止发生短路事故，以免损坏电源，常在电路中串接熔断器。熔断器中装有熔丝，一旦短路，串联在电路中的熔丝将因发热而熔断，从而保护电源免于烧坏。

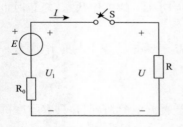

图 2.11　电源有载工作

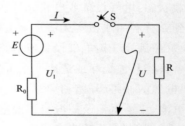

图 2.12　电源短路

2.5　基尔霍夫定律

2.5.1　基尔霍夫电流定律(Kirchhoff current laws, KCL)

(1)表述

它描述了连接在同一节点上各支路电流之间的约束关系,反映了电流的连续性,即在任一瞬间,流入某一节点的电流之和等于流出该节点的电流之和。数学关系式为:

$$fI_{流入} = fI_{流出} \tag{2.23}$$

电流定律的第二种表述:在任何时刻,电路中任一节点上的各支路电流代数和恒等于零,即:

$$\sum(fI) = 0 \tag{2.24}$$

一般可在流入节点的电流前面取"+"号,在流出节点的电流前面取"−"号,反之亦可。

例如图 2.13 中,在节点 a 上,根据基尔霍夫电流定律,有:

$$I_1 + I_2 = I_3 \quad 或 \quad I_1 + I_2 - I_3 = 0$$

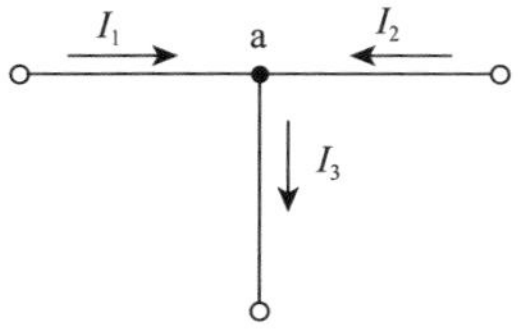

图 2.13　举例电路

在使用电流定律时,必须注意:

1)对于含有 n 个节点的电路,只能列出$(n-1)$个独立的电流方程;

2)列节点电流方程时,只需考虑电流的参考方向,然后再代入电流的数值。

为分析电路的方便,通常需要在所研究的一段电路中事先选定(即假定)电流流动的方向,叫作电流的参考方向,通常用"→"号表示。

电流的实际方向可根据数值的正、负来判断。当 $I>0$ 时,表明电流的实际方向与所标定的参考方向一致;当 $I<0$ 时,则表明电流的实际方向与所标定的参考方向相反。

(2)KCL 的应用举例

1)对于电路中任意假设的封闭面来说,电流定律仍然成立。在图 2.14a 中,对于封闭面 S 来说，有 $I_1 + I_2 = I_3$。

2）对于网络（电路）之间的电流关系，仍然可由电流定律判定。在图 2.14b 中，流入电路 B 中的电流必等于从该电路中流出的电流。

3）若两个网络之间只有一根导线相连，那么这根导线中一定没有电流通过。

4）若一个网络只有一根导线与地相连，那么这根导线中一定没有电流通过。

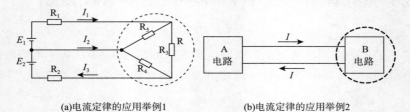

(a)电流定律的应用举例1　　　　　　　　(b)电流定律的应用举例2

图 2.14　基尔霍夫电流定律的应用举例

【例 2.4】在图 2.15 中，已知 $I_1 = 0.05$ mA，$I_2 = 0.6$ mA，$I_5 = 8.25$ mA，试求电流 I_3，I_4，I_6。

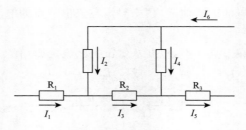

图 2.15　例 2.4 图

【解】图 2.15 中所示电路中有 3 个节点，根据基尔霍夫电流定律，有：

$$I_3 = I_1 + I_2 = 0.05 + 0.6 = 0.65 \text{ mA}$$
$$I_4 = I_5 - I_3 = 8.25 - 0.65 = 7.6 \text{ mA}$$
$$I_6 = I_2 + I_4 = 0.6 + 7.6 = 8.2 \text{ mA}$$

或者用基尔霍夫电流定律的应用举例，将中间 3 条支路圈成一个广义节点，则有：

$$I_6 = I_5 - I_1 = 8.25 - 0.05 = 8.2 \text{ mA}$$

结果与上述相同。

2.5.2　基尔霍夫电压定律(Kirchhoff voltage laws，KVL)

（1）表述

它是用来确定一个回路内各部分电压之间关系的定律。可叙述为：在任一瞬时，

沿任一闭合回路绕行一周,回路中各支路(或各元器件)电压的代数和等于零。其数学表达式为:

$$\sum (fU) = 0 \tag{2.25}$$

对于电阻电路来说,任何时刻,在任一闭合回路中,各段电阻上的电压降代数和等于各电源电动势的代数和,即:

$$fRI = fE \tag{2.26}$$

(2)利用 $\sum RI = \sum E$ 列回路电压方程的原则

1)标出各支路电流的参考方向并选择回路绕行方向(既可沿着顺时针方向绕行,也可沿着反时针方向绕行)。

2)电阻元件的端电压为 $\pm RI$,当电流 I 的参考方向与回路绕行方向一致时,选取"+"号,反之选取"-"号。

【例 2.5】图 2.16 所示的电路中,$U_1 = 10$ V,$E_1 = 4$ V,$E_2 = 4$ V,$R_1 = 4$ Ω,$R_2 = 2$ Ω,$R_3 = 5$ Ω。1、2 两点处于开路状态,试计算开路电压 U_2。

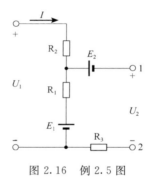

图 2.16　例 2.5 图

【解】根据基尔霍夫电压定律,电路左边回路电流为:

$$I = \frac{U_1 - E_1}{R_2 + R_1} = \frac{10 - 4}{2 + 4} = 1 \text{ A}$$

对电路右边回路有:

$$IR_1 + E_1 + IR_3 = E_2 + U_2$$

所以　　　$U_2 = I(R_1 + R_3) + E_1 - E_2 = 1 \times (4 + 5) + 4 - 4 = 9$ V

2.6　磁场和电磁感应

电和磁是相互联系不可分割的两类基本物质,电磁感应现象在电工、电子技术、电气自动化方面的广泛应用对推动社会生产力和科学技术的发展发挥了重要的作用。

2.6.1　磁场

在磁体周围存在一种特殊物质,它具有力和能的特性,称为磁场。磁场和电场都是有方向的,通常用磁力线来描绘磁场的分布情况。

如图2.17所示,磁力线具有以下特点:

(1)磁力线是互不交叉、不能中断的闭合曲线。在磁体外部由N极指向S极,在磁体内部由S极指向N极。

(2)磁力线上任意一点的切线方向,就是该点磁场的方向,即该点磁针N极所指的方向。

(3)磁力线的疏密程度反映了磁场的强弱,磁力线越密表示磁场越强。均匀磁场中磁力线是相互平行而均匀分布的。

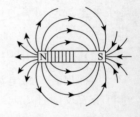

图2.17　条形磁铁周围的磁力线

2.6.2　电流的磁场

通电导线的周围存在着磁场,磁场是由电荷运动产生的。

(1)通电直导线周围的磁场

通电直导线周围磁场的磁力线是一些以导线上各点为圆心的同心圆,这些同心圆都在与导线垂直的平面上,如图2.18所示。

磁力线的方向与电流方向之间的关系可用安培定则(又称右手螺旋定则)来判断。如图2.19所示,用右手握住通电直导线,拇指指向为电流方向,四指指向为磁力线的方向。

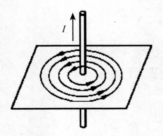

图2.18　通电直导线周围磁场的磁力线

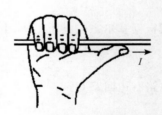

图2.19　右手螺旋定则

(2)通电螺线管的磁场

通电螺线管的磁力线,是一些穿过线圈横截面的闭合曲线,它的方向与电流方向之间的关系也可用安培定则来判定。如图2.20所示,用右手握螺线管,弯曲的四指指向线圈电流方向,拇指指向为螺线管内的磁场方向。

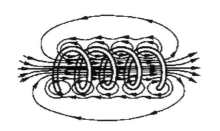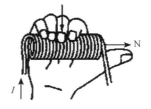

图 2.20　通电螺线管的磁场

螺线管中间部分为匀强磁场,在螺线管两端磁场最强。

2.6.3　磁场对载流导体的作用

(1)磁通

穿过某一面积的磁力线的总数,叫作穿过该面积的磁通量,简称磁通,用字母 F 表示。它的单位是韦伯,用符号 Wb 表示。

当面积一定时,穿过该面积的磁通越大,磁场就越强。例如在选用变压器、电磁铁等铁芯材料时,希望其通电线圈产生的全部磁力线尽可能多地通过铁芯的截面,以提高效率。

(2)磁感应强度

垂直通过单位面积的磁力线的多少,叫作该点的磁感应强度。在均匀磁场中,磁感应强度可表示为:

$$B = \frac{F}{S} \tag{2.27}$$

式中,B 为磁感应强度,国际单位制为 T(特拉斯),1 T=1 Wb/m²。

磁感应强度 B 等于单位面积的磁通量,所以磁感应强度也叫磁通密度。为了在平面上表示出磁感应强度的方向,常用符号"×"或"·"。表示垂直进入纸面或垂直从纸面出来的磁力线或磁感应强度,识图时应予以注意。

磁感应强度的方向即为磁场方向。

(3)磁场对载流导体的作用

载流直导体在均匀磁场中受到的电磁力表示为:

$$F = BIl \tag{2.28}$$

式中,B 为磁感应强度(T);F 为通电导体或点电荷受到的电磁力,国际单位制单位为 N(牛顿);I 为电流(A);l 为导体与磁力线垂直的有效长度,国际单位制单位为 m(米)。

电流方向与磁场方向垂直时,磁场对电流的电磁力最大。电流方向与磁场方向平行时,磁场对电流不产生电磁力。电磁力的方向可用左手定则判定。如图 2.21 所示,伸开左手,四指与拇指垂直且在一个平面内,让磁感线从手心穿过,四指指电流方向,拇指指磁场对电流作用力方向。

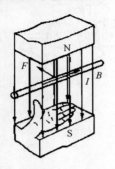 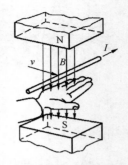

图 2.21　电磁力方向的左手定则　　　　图 2.22　感应电流方向的右手定则

　　当导线与磁感应强度方向成某一个角度时,应分解磁感应强度为与导线垂直和与导线平行两个分量。判断受力方向时,让垂直导线分量从手心穿过,即可准确判断作用力方向。

2.6.4　电磁感应

　　前面叙述了电生磁的理论,同样磁也可以生电。

　　(1)电磁感应现象

　　利用磁场产生电流的现象叫电磁感应。电动机就是利用电磁感应现象将电能转化为机械能工作的。

　　1)产生感应电流的条件:只要穿过闭合电路的磁通量发生变化,闭合电路中就会产生感应电流。当闭合电路中一部分导体切割磁感线时,闭合电路中就会产生感应电流。

　　2)电流的方向:当导体切割磁感线时,闭合电路中感应电流的方向用右手定则判定。如图 2.22 所示,伸开右手,拇指与四指垂直且在一个平面内,让磁感线从手心穿过,拇指指向导线切割磁感线的运动方向,四指指向为感应电流的方向。

　　3)楞次定律。楞次定律是判定感应电流的普遍规律。当磁铁插入线圈时,穿过线圈的磁通量增加,这时感应电流产生的磁场方向应和磁铁的磁场方向相反,以阻碍磁通量的增加;当磁铁抽出线圈时,穿过线圈的磁通量减少,这时感应电流产生的磁场方向应和磁铁的磁场方向相同以阻碍磁通量的减少,如图 2.23 所示。总之,感应电流的磁通量总是阻碍原磁通量的变化,这就是楞次定律。

　　应用楞次定律首先要判明原磁场的方向,其次判明穿过闭合电路的磁通量是增加还是减少,然后根据楞次定律判定感应电流的磁场方向,最后利用安培定则(右手螺旋定则)确定感应电流的方向。

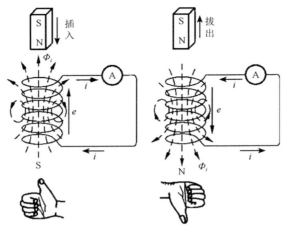

图 2.23　磁场的变化与判断

（2）感应电动势

要使闭合电路中有电流产生，这个电路中必定有电动势存在。在电磁感应现象中，闭合导体回路里有感应电流，那么这个回路中也必定有电动势存在。

在图 2.24 中，设 ab 的长度是 l，以速度 v 向右运动，这种在电磁感应现象中产生的电动势叫作感应电动势，用 e 表示，有：

$$e = Blv \tag{2.29}$$

式中，e 为绕组中的感应电动势（V）；B 为磁感应强度（T）；l 为切割磁力线导体的长度（m）；v 为导体切割磁力线的速度（m/s）。

感应电动势的方向可用右手定则判定。在图 2.23 中，判定为由 b 到 a，即 ab 作为一个电源。a 端是正极，b 端是负极。或者说 a 端的电势高于 b 端的电势（$V_a > V_b$）。感应电动势的方向与电源内部感应电流的方向一致。

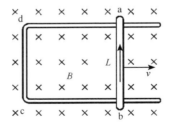

图 2.24　直导体切割磁力线产生感应电动势

产生感应电动势的那部分导体就相当于电源。感应电动势是反映电磁感应本质的物理量，它的产生与导体回路是否闭合无关。只要穿过导体回路的磁通量发生变化，回路中就会产生感应电动势。如果导体回路是闭合的，那么回路中就有感应电流，感应电流的强弱决定于感应电动势的大小和回路的电阻。如果回路是断开的，回路中就没有感应电流,但感应电动势仍然存在。

(3)法拉第电磁感应定律

导体回路中感应电动势的大小,跟穿过这一回路的磁通量的变化率成正比,这就是法拉第电磁感应定律。

设在时刻 t_1 穿过单匝线圈的磁通量为 Φ_1,在时刻 t_2 穿过同一单匝线圈的磁通量为 Φ_2,则在 $\Delta t = t_2 - t_1$ 时间内,磁通量的改变量为 $\Delta\Phi = \Phi_2 - \Phi_1$,$\Delta\Phi/\Delta t$ 就是穿过单匝线圈的磁通量的变化率。根据法拉第电磁感应定律,单匝线圈中的感应电动势为:

$$e = \frac{\Delta\Phi}{\Delta t} \tag{2.30}$$

若回路是一个 N 匝的线圈,那么线圈中的感应电动势就是单匝线圈的 N 倍,即:

$$e = N\frac{\Delta\Phi}{\Delta t} \tag{2.31}$$

2.6.5 自感和互感

(1)自感

1)自感现象

当导体中的电流发生变化时,会引起通过导体自身的磁通量的变化,从而导体本身产生感应电动势,这个电动势总是阻碍导体中原来电流的变化。这种由于导体本身的电流发生变化而产生的电磁感应现象,叫作自感现象。在自感现象中产生的感应电动势,叫作自感电动势。

自感现象是电磁感应的一种特殊情形,在直流电路中只在通电和断电的瞬间显示出来;在交流电路中,自感电动势起着阻碍电流变化的作用。

如图 2.25a 所示,当接通开关 S 时,与电阻 R 串联的灯泡 HL_1 立刻会发光,而与线圈 L 串联的灯泡 HL_2 却是逐渐亮起来的,HL_2 在点亮时间上明显地落后于 HL_1。这种现象是由于线圈 L 有自感作用造成的。因为在接通电源的瞬间,电路中的电流增大,穿过线圈 L 的磁通量也随之增加,线圈中产生了阻碍磁通量增加的自感电动势(图 2.25b),这个自感电动势阻碍线圈中电流的增大,使灯泡 HL_2 中的电流不能立刻达到正常值,所以 HL_2 不能立即发光。

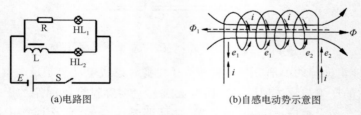

(a)电路图　　　　　　　　(b)自感电动势示意图

图 2.25　自感及自感电动势

2）自感电动势

自感电动势与导体中电流的变化率 $\Delta I / \Delta t$ 成正比，即：

$$e_{\mathrm{L}} = L \frac{\Delta I}{\Delta t} \tag{2.32}$$

式中的比例系数 L 叫作导体（或线圈）的自感系数，L 与线圈的形状、长短、匝数等因素有关。线圈越粗、越长，匝数越密，自感系数 L 越大，有铁芯时 L 可增大数千倍。

L 又称为自感或电感，单位是亨利，简称亨，符号是 H。线圈中电流 1 s 改变 1 A，产生感应电动势为 1 V，自感系数 L 为 1 H。常用的较小单位有 mH（毫亨）和 μH（微亨），即 1 H＝1000 mH，1 mH＝1000 μH。

【例 2.6】如图 2.26 所示，匀强磁场中有一光滑的平行金属导轨 PQ，MN 与电阻 R_1，R_2 组成闭合回路，一根垂直于导轨的裸导线 ab 在导轨上做匀速运动，速度 $v=1$ m/s。已知 ab 的长度 $l=1$ m，ab 的电阻 $R_\Phi=0.8$ Ω，磁感应强度 $B=0.2$ T，$R_1=2$ Ω，$R_2=3$ Ω，导轨的电阻忽略不计。求：（1）导线 ab 中的感应电流；（2）为维持导线 ab 做匀速运动，须在 ab 上施加的外力的大小和方向；（3）电路中消耗的电功率。

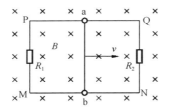

图 2.26　例 2.6 图

【解】①导线 ab 作切割磁感线运动，B，l，v 相互垂直，ab 中感应电动势的大小为：

$$e = Blv = 0.2 \times 1 \times 1 = 0.2 \text{ V}$$

感应电动势方向由 b 至 a，即 a 端是正极，b 端是负极。ab 作为电源，R_1，R_2 并联构成外电路。整个电路的电阻为：

$$R = r + \frac{R_1 R_2}{R_1 + R_2} = 0.8 + \frac{2 \times 3}{2 + 3} = 2 \Omega$$

导线 ab 中的感应电流为：

$$I = \frac{e}{R} = \frac{0.2}{2} = 0.1 \text{A}$$

②导线 ab 受到磁场作用的安培力为：

$$F_{\mathrm{A}} = BIl$$

F_{A} 的方向水平向左。要想使 ab 维持匀速运动，必须在 ab 上施加与 F_{A} 大小相等、方向相反的外力 F，即：

$$F = F_{\mathrm{A}} = BIl = 0.2 \times 0.1 \times 1 = 0.02 \text{ N}$$

F 的方向垂直于 ab 水平向右。

③电路中消耗的电功率为：

$$P = I^2R = 0.1^2 \times 2 = 0.02 \text{ W}$$

3）电感在电工技术中的广泛应用

①电感是储能元件，线圈中的电流不能突变，在电路中起稳定电流和限制电流的作用，可应用于万用表测量电动机或变压器绕组电阻的电路中。

②电感的自感电动势很高，日光灯的灯丝点燃的过程就是利用镇流器的自感电动势产生高压来完成的。

③因电路中存在电感，切断电路时电感产生高压使电路断开瞬间会产生电弧，所以断路器或开关一般均装设有灭弧装置。

④电动机和变压器的主要组成部分是电感线圈；电子技术中，电感在滤波器和振荡器中起重要作用；通信技术中，可利用电感串联谐振电路获得高的输出信号。

（2）互感

1）互感现象

两个相邻放置的线圈，如果一个线圈中电流产生的磁通穿过相邻的另一个线圈，则另一个线圈中会产生感应电动势。若另一个线圈构成闭合回路，则回路中有感应电流流过，如图 2.27 所示，这种现象叫作互感现象，简称互感。

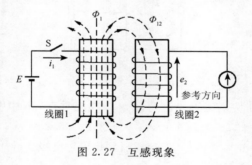

图 2.27　互感现象

2）互感的应用

实现能量传输和信号传递的电气设备——变压器，通常由两个互感线圈组成。如图 2.28 所示，其中一个线圈与电源相连接，称为一次侧；另一个线圈与负载 R_L 相连接，称为二次侧。

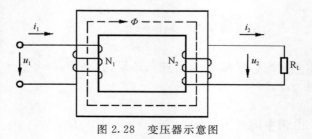

图 2.28　变压器示意图

当一次侧接上电压时,一次侧线圈中便产生磁通,该磁通同时穿过一、二次侧线圈,则两个线圈同时产生感应电动势 e_1 和 e_2。根据电磁感应定律,可求得:

$$\frac{e_1}{e_2} = \frac{u_1}{u_2} = \frac{N_1}{N_2} \tag{2.33}$$

由式(2.33)可见,改变一、二次侧线圈的匝数比 N_1/N_2,就可以得到不同的输出电压。

2.7　电容和电容器

当两个导体之间用绝缘的物质隔开时,就形成了电容器。组成电容器的两个导体叫作极板,中间的绝缘物叫作电容器的介质。广义地说,被介质分开的任意形状的金属导体的组合,都可以看作是一个电容器。例如,被空气分割的两根架空导线,地下电缆的两根芯线,任一根架空线与大地之间,都相当于一个电容器。

电容器是一个储存电荷的容器。如果使电容器的一个极板带上正电荷,另一个极板带上等量的负电荷,那么异性电荷就要互相吸引而保持在电容器的极板上,所以就说,电容器储存了电荷。如图 2.29 所示,把电容器和直流电源接通,在电场力的作用下,电源负极的自由电子将向与它相连的 B 极板上移动,使 B 极板带有负电荷;而另一极板 A 上的自由电子将向与它相连的电源正极移动,使 A 极板带有等量的正电荷。这种电荷的移动直到极板间的电压与电源电压相等时为止。这样,在极板间的介质中建立了电场,电容器储存了一定的电荷和电场能量。人们把电容器储存电荷的过程叫作电容器的充电。

将充好电的电容器 C 通过电阻 R 接成如图 2.30 所示闭合回路,由于电容器储存着电场能量,两极板间有电压 U_C,可以等效为一个直流电源。在电压 U_C 的作用下,B 极板上的电子就会跑向 A 极板与正电荷中和,极板上的电荷逐渐减少,U_C 逐渐降低,直到 $U_C=0$ 时,电荷释放完毕。这一过程称为电容器的放电。

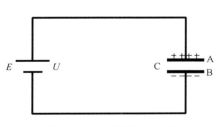

图 2.29　电容器的充电图

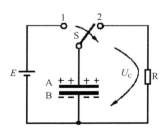

图 2.30　电容器的放电图

电容器既然是一种储存电荷的容器,就有一个"容量"大小的问题。电容器储存电荷量的多少,与加在电容器两端的电压成正比。由于各种电容器结构不同,所用的介质也不一样,因此在同样的电压下,不同的电容器所储存的电荷量也不一定相等。为了比较和衡量电容器本身储存电荷的能力。可用每伏电压下电容器所储存电荷量的多少作为电容器的电容量,电容量用字母 C 表示,即:

$$C = \frac{Q}{U} \tag{2.34}$$

式中,C 为电容器的电容量;Q 为极板上的电荷量;U 为电容器两端的电压。

若电压 U 的单位为 V(伏[特]),电荷量 Q 的单位为 C(库[伦]),则电容量的单位为 F(法[拉])。在实际应用中,法拉这个单位太大,电容的单位常用 μF(微法)或 pF(皮法)来表示,即 $1\ \text{F} = 10^6\ \mu\text{F}, 1\ \mu\text{F} = 10^6\ \text{pF}$。

2.8 　交流电路

在工业、农业生产和日常生活中使用的电能几乎都取自交流电网。在电力系统中,考虑到传输、分配和应用电能方面的便利性、经济性,大都采用交流电。

图 2.31 是一个简单的交流电路。当交流电源的出线端 a 为正极,b 为负极时,电流 i(图中实线所示)就从 a 端流出,经负载流回 b 端;而当出线端 a 为负极,b 为正极时,电流 i(图中虚线所示)则从 b 端流出,经负载流回 a 端。可见,交流电不仅方向随时间做周期性的变化,其大小也随时间连续变化,且在每一瞬间都有不同的数值。其大小和方向都随时间做周期性变化的电动势、电压和电流统称为交流电。在交流电作用下的电路称为交流电路。

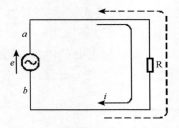

图 2.31　简单的交流电路图

2.8.1　交流电的产生

获得交流电的方法有多种,其中大多数交流电是由交流发电机产生的。

图 2.32a 为一最简单的交流发电机,标有 N、S 的为两个静止磁极。磁极间放置一个可以绕轴旋转的圆柱形铁芯,称为转子。转子铁芯上绕有线圈,线圈两端分别与

两个铜质滑环相连。滑环经过电刷与外电路(电阻)相连。

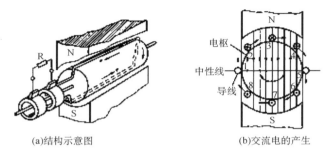

(a)结构示意图　　　　　　　(b)交流电的产生

图 2.32　交流发电机

　　为便于分析,我们把图 2.32a 简化成图 2.32b。当转子铁芯以角速度 ω 顺时针旋转时,线圈随转子一起旋转。当转到位置 1 时,不切割磁力线,没有感应电动势产生。转到位置 2 时,绕组切割磁力线,产生感应电动势,用右手定则可以判定其方向是由外向里的。转到位置 5 时,不切割磁力线,没有感应电动势产生。转到位置 6 时又将切割磁力线而产生感应电动势,用右手定则可以判定其方向是从里向外的。这样,线圈随转子旋转一周时,导体中感应电动势的方向交变一次,即转到 N 极下是一个方向,转到 S 极下变为另一个方向。这就是产生交流电的基本原理。

　　为了获得正弦交变电动势,适当设计磁极形状,使得空气隙中的磁感应强度在 O—O(即磁极的分界面,称中性面)处为零,在磁极中心处最大($B=B_m$),沿着铁芯的表面按正弦规律分布。若用 α 表示气隙中某点和轴线构成的平面与中性面的夹角,则该点的磁感应强度为 $B=B_m\sin\alpha$,如图 2.33 所示。

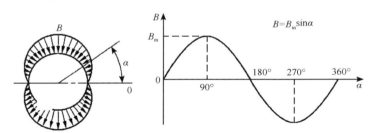

图 2.33　发电机气隙中磁感应强度的分布

　　当铁芯以角速度 ω 旋转时,线圈绕组切割磁力线,产生感应电动势,其大小是 $e=Blv$。

　　假定计时开始时,绕组所在位置与中性面的夹角为 F_0,经 t 秒后,它们之间的夹角则变为 $\alpha=\omega t+F_0$,对应绕组切割磁场的磁感应强度为 $B=B_m\sin\alpha=B_m\sin(\omega t+F_0)$,代入 $e=Blv$ 就得到绕组中感应电动势随时间变化的规律,即:

$$e=Blv=B_m\sin(\omega t+F_0)lv\quad\text{或}\quad e=E_m\sin(\omega t+F_0)\qquad(2.35)$$

式中，$E_m = B_m l v$，称作感应电动势最大值。

当线圈 ab 边转到 N 极中心时，绕组中感应电动势最大，为 E_m；线圈再转到 180°，ab 边对准 S 极中心时，绕组中感应电动势为 $-E_m$。

2.8.2　正弦交流电的物理量

图 2.32 所示的发电机，当转子以等速旋转时，绕组中感应出的正弦交变电动势的波形如图 2.34 和图 2.35 所示。图中横轴表示时间，纵轴表示电动势大小。图形反映出感应电动势在转子旋转过程中随时间变化的规律。

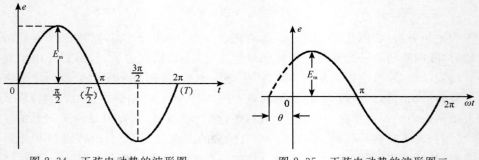

图 2.34　正弦电动势的波形图一　　　图 2.35　正弦电动势的波形图二

（1）周期、频率、角频率

当发电机转子转一周时，转子绕组中的正弦交变电动势也就变化一周。我们把正弦交流电变化一周所需的时间叫周期，用 T 表示。周期的单位是 s（秒）。

1 s 内交流电变化的周数，称为交流电的频率，用 f 表示：

$$f = \frac{1}{T} \tag{2.36}$$

式中，f 的单位是 Hz（赫兹）。

正弦量的变化规律用角度描述是很方便的。图 2.34 所示的正弦电动势，每一时刻的值都可与一个角度相对应。如果横轴用角度刻度，当角度变到 π/2 时，电动势达到最大值；当角度变到 π 时，电动势变为零值。这个角度不表示任何空间角度，只是用来描述正弦交流电的变化规律，所以把这种角度叫电角度。

每秒经过的电角度叫角频率，用 ω 表示。角频率与频率、周期之间的关系如下：

$$\omega = \frac{2\pi}{T} = 2\pi f \tag{2.37}$$

式中，ω 的单位为 rad/s（弧度/秒）。50 Hz 相当于 314 rad/s。

电网频率：中国 50 Hz（工频）；美国、日本 60 Hz；有线通信频率：300～5000 Hz；无线通信频率：30 kHz～3×10^4 MHz。

【例 2.7】已知一正弦交流电的周期为 0.0025 s，试求其频率和角频率。

【解】因频率为周期的倒数,所以有:

$$f = \frac{1}{T} = \frac{1}{0.0025} = 400 \text{ Hz}$$

角频率为 $\qquad \omega = 2\pi f = 6.28 \times 400 = 2512 \text{ rad/s}$

(2)瞬时值、最大值、有效值

1)瞬时值:交流电在变化过程中,每一时刻的值都不同,该值称为瞬时值。瞬时值规定用小写字母表示。

正弦交流电路中的电动势、电压、电流,其大小和方向均随时间变化,其瞬时值数学表达式为:

$$e = E_m \sin(\omega t + \theta_e)$$
$$u = U_m \sin(\omega t + \theta_u) \qquad (2.38)$$
$$i = I_m \sin(\omega t + \theta_i)$$

2)最大值:正弦交流电波形图上的最大幅值便是交流电的最大值(图 2.35)。它表示在一周内,数值最大的瞬时值。最大值规定用大写字母加角标 m 表示,例如 I_m、E_m、U_m 等。

3)有效值:正弦交流电的瞬时值是随时间变化的,计量时用正弦交流电的有效值来表示。交流电表的指示值和交流电器上标示的电流、电压数值一般都是有效值。有效值规定用大写字母表示,如 E、I、U 等。

我们平常所说的电压高低、电流大小或用电器上的标称电压或电流指的均是有效值。有效值是由交流电在电路中做功的效果来定义的。叙述为:交流电流 i 通过电阻 R 在一个周期 T 内产生的热量与直流电流 I 通过 R 在时间 t 内产生的热量相等时,这个直流电流 I 的数值称为交流电流的有效值。

$$E_m = \sqrt{2}E$$
$$U_m = \sqrt{2}U \qquad (2.39)$$
$$I_m = \sqrt{2}I$$

由式(2.39)可见,正弦交流量的最大值是其有效值的 $\sqrt{2}$ 倍,通常所说的交流电压 220 V 是指有效值,其最大值约为 311 V。

2.8.3 三相交流电

我国电力系统产生、输送和应用的交流电都是三相交流电,它是由三组单相交流电组成的。

(1)三相交流电源的产生

三相交流电源是由三相交流发电机产生的,如图 2.36 所示。3 个绕组 AX、BY、CZ 均匀地嵌放在定子铁芯的槽内,A、B、C 为绕组始端,X、Y、Z 为绕组末端,绕组在空间位置上相差 120°,且绕组完全对称。转子为一对磁极,当其以角速度 ω 顺时针匀速转动时,定子绕组依次切割磁力线,产生 3 个最大值、频率相同,相位上依次相差 120°的感应电动势,如图 2.37 所示,即:

$$e_A = E_m\sin(\omega t + j)$$
$$e_B = E_m\sin(\omega t + j - 120°) \qquad (2.40)$$
$$e_C = E_m\sin(\omega t + j + 120°)$$

若 $j = 0°$,且用电压 u_A、u_B、u_C 分别表示 3 个绕组电压,可得:

$$u_A = U_m\sin\omega t$$
$$u_B = U_m\sin(\omega t - 120°) \qquad (2.41)$$
$$u_C = U_m\sin(\omega t + 120°)$$

 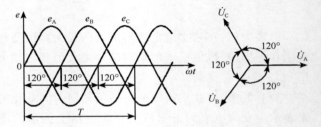

图 2.36　三相交流发电机原理图　　　　图 2.37　三相交流电波形图和相量图

这组电压称为对称三相电源,并依次称为第一相、第二相、第三相,且把这样的相序称为正序,与此相反称为逆序。实际应用中通常指正序。

(2)三相电源的连接

交流发电机 3 个绕组有星形(Y)和三角形(△)两种连接方式。

1)星形(Y)连接

星形连接就是把每相绕组的末端 X、Y、Z 连接在一起称为公共点 N,称为中性点,并可引出一条线作为公共零线,称为中性线,再由三个绕组始端 A、B、C 引出三根导线作为相线(俗称火线),如图 2.38 所示。

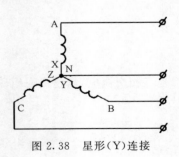 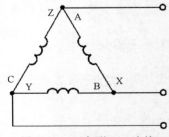

图 2.38　星形(Y)连接　　　　　　　图 2.39　三角形(△)连接

相线与中性点之间的电压 U_{AN}、U_{BN}、U_{CN} 叫作相电压 $U_{相}$；流过每相绕组的电流叫作相电流 $I_{相}$，相线与相线之间的电压 U_{AB}、U_{BC}、U_{CA} 叫作线电压 $U_{线}$，流过相线的电流叫作线电流 $I_{线}$，对称三相电源的有效值之间存在下列关系：

$$U_{线} = \sqrt{3}U_{相} \qquad I_{线} = I_{相} \tag{2.42}$$

2）三角形（△）连接

三角形连接就是把三相电源 A 相的末端 X 与 B 相的首端 B，B 相的末端 Y 与 C 相的首端 C，C 相的末端 Z 与 A 相的首端 A 相连接，并从连接点引出三根端线的连接方式，如图 2.39 所示。

三角形连接时，电源的线电压与对应相电压相等，线电流的有效值是相电流有效值的 $\sqrt{3}$ 倍，即：

$$U_{线} = U_{相} \qquad I_{线} = \sqrt{3}I_{相} \tag{2.43}$$

第 3 章　建筑物防雷分类

3.1　建筑物分类

3.1.1　按使用功能分类

（1）民用建筑

民用建筑是指供人们居住、生活、工作和学习的房屋和场所，一般可分为居住建筑和公共建筑。居住建筑是供人们生活起居的建筑物，如住宅、公寓、宿舍等；公共建筑是供人们进行各项社会活动的建筑物，如办公、科教、文体、商业、医疗、邮电、广播、交通和其他建筑等。

（2）工业建筑

工业建筑是指供人们从事各类生产活动的建筑。工业建筑一般包括生产用建筑及辅助生产、动力、运输、仓储用建筑，如机械加工车间、机修车间、锅炉房、车库、仓库等。

（3）农业建筑

农业建筑是指供农业、牧业生产和加工用的建筑，如温室、畜禽饲养场、种子库等。

3.1.2　按层数分类

（1）住宅建筑按层数分

1）1～3 层为低层建筑；

2）4～6 层为多层建筑；

3）7～9 层为中高层建筑；

4）10 层以上为高层建筑。

（2）公共建筑及综合性建筑按高度分

建筑物高度超过 24 m 者为高层建筑,高度不超过 24 m 者为非高层建筑。

(3)超高层建筑

建筑物高度超过 100 m 时,不论住宅或公共建筑均为超高层建筑。

3.1.3　按主要承重结构的材料分类

(1)木结构建筑

木结构建筑是指用木材作为主要承重构件的建筑,是我国古建筑中广泛采用的结构形式。目前,这种形式已较少采用。

(2)混合结构建筑

混合结构建筑是指用两种或两种以上材料作为主要承重构件的建筑。如用砖墙和木楼板的为砖木结构,用砖墙和钢筋混凝土楼板的为砖混结构,用钢筋混凝土墙或柱和钢屋架的为钢混结构。其中,砖木结构多建在村镇民居中,砖混结构在大量的民用建筑中应用最广泛,钢混结构多用于大跨度建筑。

(3)钢筋混凝土结构建筑

钢筋混凝土结构建筑是指主要承重构件全部采用钢筋混凝土的建筑。这类结构广泛用于大中型公共建筑、高层建筑和工业建筑。

(4)钢结构建筑

钢结构建筑是指主要承重构件全部采用钢材制作的建筑。钢结构具有自重轻、强度高的特点,大型公共建筑和工业建筑、大跨度和高层建筑经常采用这种形式。

3.1.4　按结构的承重方式分类

(1)砌体结构建筑

砌体结构建筑是指用叠砌墙体承受楼板及屋顶传来的全部荷载的建筑。这种结构一般用于多层民用建筑。

(2)框架结构建筑

框架结构建筑是指由钢筋混凝土或钢材制作的梁、板、柱形成的骨架来承受荷载的建筑,墙体只起围护和分隔作用。这种结构可用于多层和高层建筑中。

(3)剪力墙结构建筑

剪力墙结构建筑是指由纵、横向钢筋混凝土墙组成的结构来承受荷载的建筑结构多用于高层住宅、旅馆等。

(4)空间结构建筑

空间结构建筑是指横向跨越 30 m 以上空间的各类结构形式的建筑。在这类结构中,屋盖可采用悬索、网架、拱、薄壳等结构形式,多用于体育馆、大型火车站、航空港等公共建筑。

3.2　建筑物的防雷分类

根据《建筑物防雷设计规范：GB 50057—2010》的相关条款，建筑物应根据其重要性、使用性质、发生雷电事故的可能性和后果，按防雷要求分为三类。我们将建筑物防雷分类原则进行归纳总结，结果见表 3.1、表 3.2 和表 3.3。

表 3.1　按易燃易爆场所划分

一类	二类	三类
1. 凡制造、使用或贮存火炸药及其制品的危险建筑物，因电火花而引起爆炸、爆轰，会造成巨大破坏和人身伤亡者。 2. 具有 0 区或 20 区爆炸危险场所的建筑物。 3. 具有 1 区或 21 区爆炸危险场所的建筑物，因电火花而引起爆炸，会造成巨大破坏和人身伤亡者。	1. 制造、使用或贮存火炸药及其制品的危险建筑物，且电火花不易引起爆炸或不致造成巨大破坏和人身伤亡者。 2. 具有 1 区或 21 区爆炸危险场所的建筑物，且电火花不易引起爆炸或不致造成巨大破坏和人身伤亡者。 3. 具有 2 区或 22 区爆炸危险场所的建筑物。 4. 有爆炸危险的露天钢质封闭气罐。	

说明：1 区、21 区的建筑物可能划为第一类防雷建筑物，也可能划为第二类防雷建筑物。其区分在于是否会造成巨大破坏和人身伤亡。例如，易燃液体泵房，当布置在地面上时，其爆炸危险场所一般为 2 区，则该泵房可划为第二类防雷建筑物。但当工艺要求布置在地下或半地下时，在易燃液体的蒸气与空气的混合物的比重重于空气，又无可靠的机械通风设施的情况下，爆炸性混合物就不易扩散，该泵房就要划为 1 区危险场所。

表 3.2　按重要性划分

一类	二类	三类
	5. 国家级重点文物保护的建筑物。 6. 国家级的会堂、办公建筑物、大型展览和博览建筑物、大型火车站和飞机场、国宾馆，国家级档案馆、大型城市的重要给水泵房等特别重要的建筑物。 注：飞机场不含停放飞机的露天场所和跑道。 7. 国家级计算中心、国际通信枢纽等对国民经济有重要意义的建筑物。 8. 国家特级和甲级大型体育馆。	1. 省级重点文物保护的建筑物及省级档案馆。

说明：应用时注意关键词如："国家级""大型""省级"

表 3.3 按年预计雷击次数划分

一类	二类	三类
9. 预计雷击次数大于 0.05 次/a 的部、省级办公建筑物和其他重要或人员密集的公共建筑物以及火灾危险场所。 10. 预计雷击次数大于 0.25 次/a 的住宅、办公楼等一般性民用建筑物或一般性工业建筑物。	2. 预计雷击次数大于或等于 0.01 次/a 的部、省级办公建筑物和其他重要或人员密集的公共建筑物,以及火灾危险场所。 3. 预计雷击次数大于或等于 0.05 次/a 且小于或等于 0.25 次/a 的住宅、办公楼等一般性民用建筑物或一般性工业建筑物。 4. 在平均雷暴日大于 15 d/a 的地区,高度在 15 m 及以上的烟囱、水塔等孤立的高耸建筑物;在平均雷暴日小于或等于 15 d/a 的地区,高度在 20 m 及以上的烟囱、水塔等孤立的高耸建筑物。	
说明:应用时注意人员密集场所及年预计雷击次数的计算方法		

特别提示:依据《民用建筑电气设计规范:JGJ 16—2008》第 11.2.3 条第 1 款,高度超过 100 m 的建筑物应划为第二类防雷建筑物。

3.3 易燃易爆场所危险环境分类

3.3.1 爆炸性气体环境危险区域划分

根据爆炸性气体混合物出现的频繁程度和持续时间分为 0 区、1 区、2 区,分区应符合下列规定:

0 区应为连续出现或长期出现爆炸性气体混合物的环境;

1 区应为在正常运行时可能出现爆炸性气体混合物的环境;

2 区应为在正常运行时不太可能出现爆炸性气体混合物的环境,或即使出现也仅是短时存在的爆炸性气体混合物的环境。

3.3.2 爆炸性粉尘环境危险区域划分

根据爆炸性粉尘环境出现的频繁程度和持续时间分为 20 区、21 区、22 区,分区应符合下列规定:

20 区应为空气中的可燃性粉尘云持续地或长期地或频繁地出现于爆炸性环境中的区域;

21 区应为在正常运行时,空气中的可燃性粉尘云很可能偶尔出现于爆炸性环境中的区域;

22 区应为在正常运行时,空气中的可燃粉尘云一般不可能出现于爆炸性粉尘环境中的区域,即使出现,持续时间也是短暂的。

3.3.3　各区常见发生区域

0 区:油罐的液面上部。

1 区:氧气站催化反应炉部分;氢气瓶阀;氢气站、供氧站;内有爆炸危险的房间;乙炔站的发生器间;乙炔压缩间、灌瓶间、电渣石坑;丙酮库;油漆车间;非桶装地下贮漆间。

2 区:乙炔站、乙炔瓶修理间、干渣堆场;发生炉煤气站;煤气管道的排送车间、煤气净化设备间、煤气管道的排水间;线圈车间;浸漆车间;漆包线工部;冷冻站氨气压缩机室;氧气站净化室;氢气瓶间。

20 区:以空气中可燃性粉尘云持续地或长期地或频繁地短时存在于爆炸性环境中的场所。

粉尘容器内部场所;

储料槽、筒仓等,旋风集尘器和过滤器;

除皮带和链式运输机的某些部分外的粉尘传送系统等;

搅拌机、粉碎机、干燥剂、装料设备等。

21 区:正常运行时,很可能偶然地以空气中可燃性粉尘云形式存在于爆炸性环境中的场所。

当粉尘容器内部出现爆炸性粉尘/空气混合物时,为了操作而频繁移动或打开最邻近进出门的粉尘容器外部场所;

当未采取防止爆炸性粉尘/空气混合物形成的措施时,在最接近装料和卸料点、送料皮带、取样点、卡车卸载点等的粉尘容器外部场所;

如果粉尘堆积且由于工艺操作,粉尘层可能被扰动而形成爆炸性粉尘/空气混合物时,粉尘容器外部场所;

可能出现爆炸性粉尘云(但是既不持续,也不长时间,又不经常)的粉尘容器内部场所,例如自清扫时间间隔较长的筒仓内部(如果仅偶尔装料和/或出料)和过滤器的积淀侧。

22 区:正常运行时不太可能以空气中可燃性粉尘云形式存在于爆炸性环境中的场所,如果存在仅是短暂的。

来自集尘袋式过滤器通风孔的排气口,如果一旦出现故障,可能逸出爆炸性粉尘/空气混合物;

很少时间打开的设备附近场所,或根据经验由于高于环境压力粉尘喷出而形成泄露的设备附近场所;

气动设备,挠性连接可能会损坏等的附近场所;

装有很多粉尘状产品的存储袋。在操作期间,存储袋可能出现故障,引起粉尘扩散;

当采取措施防止爆炸性粉尘/空气混合物形成时,一般划分为 21 区的场所可以降为 22 区场所,这类措施包括排气通风。在(收尘袋)装料和出料点、送料皮带、取样点、卡车卸载站、皮带卸载点等场所附近采取措施;

形成的可控制(清理)的粉尘层有可能被扰动而产生爆炸性粉尘/空气混合物的场所。只有在危险粉尘/空气混合物形成前,通过清理的方式清除了该粉尘层,它才为非危险场所。

3.3.4　火灾危险性分类

生产的火灾危险性应根据生产中使用或产生的物质性质及其数量等因素划分,可分为甲、乙、丙、丁、戊类,并应符合表 3.4 的规定。

表 3.4　生产的火灾危险性分类

生产的火灾危险性类别	使用或产生下列物质生产的火灾危险性特征
甲	1. 闪点小于 28℃ 的液体; 2. 爆炸下限小于 10% 的气体; 3. 常温下能自行分解或在空气中氧化能导致迅速自燃或爆炸的物质; 4. 常温下受到水或空气中水蒸气的作用,能产生可燃气体并引起燃烧或爆炸的物质; 5. 遇酸、受热、撞击、摩擦、催化以及遇有机物或硫黄等易燃的无机物,极易引起燃烧或爆炸的强氧化剂; 6. 受撞击、摩擦或与氧化剂、有机物接触时能引起燃烧或爆炸的物质; 7. 在密闭设备内操作温度不小于物质本身自燃点的生产。
乙	8. 闪点不小于 28℃,但小于 60℃ 的液体; 9. 爆炸下限不小于 10% 的气体; 10. 不属于甲类的氧化剂; 11. 不属于甲类的易燃固体; 12. 助燃气体; 13. 能与空气形成爆炸性混合物的浮游状态的粉尘、纤维、闪点不小于 60℃ 的液体雾滴。
丙	14. 闪点不小于 60℃ 的液体; 15. 可燃固体。
丁	16. 对不燃烧物质进行加工,并在高温或熔化状态下经常产生强辐射热、火花或火焰的生产; 17. 利用气体、液体、固体作为燃料或将气体、液体进行燃烧作其他用的各种生产; 18. 常温下使用或加工难燃烧物质的生产。
戊	19. 常温下使用或加工不燃烧物质的生产

储存物品的火灾危险性应根据储存物品的性质和储存物品中的可燃物数量等因素划分,可分为甲、乙、丙、丁、戊类,并应符合表 3.5 的规定。

表 3.5　储存物品的火灾危险性分类

储存物品的火灾危险性类别	储存物品的火灾危险性特征
甲	1. 闪点小于 28℃ 的液体； 2. 爆炸下限小于 10% 的气体,受到水或空气中水蒸气的作用能产生爆炸下限小于 10% 气体的固体物质； 3. 常温下能自行分解或在空气中氧化能导致迅速自燃或爆炸的物质； 4. 常温下受到水或空气中水蒸气的作用,能产生可燃气体并引起燃烧或爆炸的物质； 5. 遇酸、受热、撞击、摩擦以及遇有机物或硫黄等易燃的无机物,极易引起燃烧或爆炸的强氧化剂； 6. 受撞击、摩擦或与氧化剂、有机物接触时能引起燃烧或爆炸的物质。
乙	7. 闪点不小于 28℃,但小于 60℃ 的液体； 8. 爆炸下限不小于 10% 的气体； 9. 不属于甲类的氧化剂； 10. 不属于甲类的易燃固体； 11. 助燃气体； 12. 常温下与空气接触能缓慢氧化,积热不散引起自燃的物品。
丙	13. 闪点不小于 60℃ 的液体； 14. 可燃固体。
丁	15. 难燃烧物品
戊	16. 不燃烧物品

3.3.5　爆炸和火灾危险环境及防雷分类

爆炸和火灾危险环境,如表 3.6 所列。

表 3.6　爆炸和火灾危险环境

类别	爆炸和火灾危险环境
生产场所	炼油厂；工艺装置区
	石油化纤厂；工艺装置区
	石油化工厂；工艺装置区
	燃气制气车间
	乙炔气体生产车间
	发生炉煤气车间
	油漆车间
	氢气生产车间
	烟花爆竹生产加工场所
	炸药生产场所
	其他易燃易爆生产场所

续表

类别	爆炸和火灾危险环境
储运场所	炼油厂的原油储备区、成品储备区
	石油化纤厂的原料储备区
	石油化工厂的原料储备区、易燃易爆物品储备区
	液化气储备库
	焦炉煤气储备库
	输油站
	输气站
	气液充装站:汽车加油站
	气液充装站:液化气、天然气
	气液充装站:煤气零灌站
	气液充装站:可燃气体充装站
	炸药库
	弹药库
	烟花爆竹仓库
	其他易燃易爆储运场所

　　生产、加工、研制危险品的工作间(或建筑物)电气危险场所分类及防雷类别见表 3.7。

表 3.7　生产、加工、研制危险品的工作间(或建筑物)电气危险场所分类及防雷类别

序号	危险品名称	工作间(或建筑物)名称	危险场所分类	防雷类别
		工业炸药		
1	铵梯(油)类炸药	梯恩梯粉碎,梯恩梯称量、混药、筛药、凉药、装药、包装	F1	一
		硝酸铵粉碎、干燥	F2	二
2	粉状铵油炸药、铵松蜡炸药、铵沥蜡炸药	混药、筛药、凉药、装药、包装	F1	一
		硝酸铵粉碎、干燥	F2	二
3	多孔粒状铵油炸药	混药、包装	F1	一
4	膨化硝铵炸药	膨化	F1	一
		混药、凉药、装药、包装	F1	一
5	粒状黏性炸药	混药、包装	F1	一
		硝酸铵粉碎、干燥	F2	二
6	水胶炸药	硝酸钾铵制造和浓缩、混药、凉药、装药、包装	F1	一
		硝酸铵粉碎、筛选	F2	二
7	浆状炸药	梯恩梯粉碎、炸药熔药、混药、凉药、包装	F1	一
		硝酸铵粉碎、筛选	F2	二

序号	危险品名称		工作间(或建筑物)名称	危险场所分类	防雷类别
8	乳化炸药	粉状	制粉、装药、包装	F1	一
			乳化、乳胶基质冷却	F2	一
			硝酸铵粉碎、硝酸钠粉碎	F2	二
		胶状	乳化、乳胶基质冷却、乳胶基质贮存、敏化、敏化后的保温(凉药)、贮存、装药、包装	F2	一
			硝酸铵粉碎、硝酸钠粉碎	F2	二
9	黑梯药柱(注装)		熔药、装药、凉药、检验、包装	F1	一
10	梯恩梯药柱(压制)		压制	F1	一
			检验、包装	F1	一
11	太汝炸药		制片、干燥、检验、包装	F1	一
工业雷管					
12	火雷管、电雷管、导爆管雷管、继爆管		火雷管装药、压药	F1	一
			电雷管、导爆管雷管装配、雷管编码	F1	一
			雷管检验、包装、装箱	F1	一
			雷管试验站		
			引火药头用和延期药用的引火药剂制造	F1	一
			引火元件制造	F1	一
			延期药混合、造粒、干燥、筛选、装药、延期元件制造	F1	一
			二硝基重氨酚废水处理	F2	二
工业索类火工品					
13	导火索		黑火药三成分混药、干燥、凉药、筛选、包装导火索制造中的黑火药准备	F0	一
			导火索制索、盘索、烘干、普检、包装	F2	二
			硝酸钾干燥、粉碎	F2	二
14	导爆索		炸药的筛选、混合、干燥	F1	一
			导爆索包塑、涂索、烘索、盘索、普检、组批、包装	F1	一
			炸药的筛选、混合、干燥	F1	一
			导爆索制索	F1	一
15	塑料导爆管		炸药的粉碎、干燥、筛选、混合	F1	一
			塑料导爆管制造	F2	二
油气井用起爆器材					
17	射孔弹、穿孔弹		炸药暂存、烘干、称量	F1	一
			压药、装配	F1	一
			包装	F1	一
			试验室	F1	一

序号	危险品名称		工作间(或建筑物)名称	危险场所分类	防雷类别
			地震勘探用爆破器材		
18	震源药柱	高爆速	炸药准备、熔混药、装药、压药、凉药、装配、检验、装箱	F1	一
		中爆速	炸药准备、震源药柱检验、装箱	F1	一
			装药、压药	F1	一
			钻孔	F1	一
			装传爆药柱	F1	一
		低爆速	炸药准备、装药、装传爆药柱、检验、装箱	F1	一
19	黑火药、炸药、起爆药		理化试验室	F2	二

贮存危险品的中转库和危险品总仓库危险场所(或建筑物)分类及防雷类别见表 3.8。

表 3.8　贮存危险品的中转库和危险品总仓库危险场所(或建筑物)分类及防雷类别

序号	危险品仓库(含中转库)名称	危险场所类别	防雷类别
1	黑索令、太安、奥克拖金、梯恩梯、苦味酸、黑梯药柱、梯恩梯药柱、太汝炸药、黑火药 铵梯(油)类炸药、粉状铵油炸药、铵松蜡炸药、铵沥蜡炸药、多孔粒状铵油炸药、膨化硝铵炸药、粒状黏性炸药、水胶炸药、浆状炸药、粉状乳化炸药	F0	一
2	起爆药	F0	一
3	胶状乳化炸药	F1	一
4	雷管(火雷管、电雷管、导爆管雷管、继爆管)	F1	一
5	爆裂管	F1	一
6	导爆索、射孔(穿孔)弹、震源药柱	F1	一
7	延期药	F1	一
8	导火索	F1	一
9	硝酸铵、硝酸钠、硝酸钾、氯酸钾、高氯酸钾	F2	二

3.4　建筑物电子信息系统雷电防护等级

将《建筑物电子信息系统防雷技术规范：GB 50343—2012》规定的建筑物电子信息系统雷电防护等级划分原则归纳总结如下。

（1）根据其重要性、使用性质和价值，按表3.9确定雷电防护等级。

表3.9　建筑物电子信息系统雷电防护等级

雷电防护等级	建筑物电子信息系统
A级	1. 国家级计算机中心、国家级通信枢纽、特级和一级金融设施、大型机场、国家级和省级广播电视中心、枢纽港口、火车枢纽站、省级城市水、电、气、热等城市重要共用设施的电子信息系统； 2. 一级安全防范单位，如国家文物、档案库的闭路电视监控和报警系统； 3. 三级医院电子医疗设备
B级	1. 中型计算机中心、二级金融设施、中型通讯枢纽、移动通讯基站、大型体育场（馆）、小型机场、大型港口、大型火车站的电子信息系统； 2. 二级安全防范单位，如省级文物、档案库的闭路电视监控和报警系统； 3. 雷达站、微波站电子信息系统，高速公路监控和收费系统； 4. 二级医院电子医疗设备； 5. 五星及更高星级宾馆电子信息系统
C级	1. 三级金融设施、小型通讯枢纽电子信息系统； 2. 大中型有线电视系统； 3. 四星及以下级宾馆电子信息系统
D级	除上述A、B、C级以外的一般用途的需防护电子信息设备

（2）按防雷装置的拦截效率确定雷电防护等级

电子信息系统雷电防护等级应按防雷装置拦截效率 E 确定，计算方法参见《建筑物电子信息系统防雷技术规范：GB 50343—2012》第4.2节，并应符合下列规定：

当 $E > 0.98$ 时，定为 A 级；

当 $0.90 < E \leqslant 0.98$ 时，定为 B 级；

当 $0.80 < E \leqslant 0.90$ 时，定位 C 级；

当 $E \leqslant 0.80$ 时，定位 D 级。

说明：对于重要的电子信息系统宜分别采用以上两种方法进行评估，按其中较高等级确定。

3.5　人员密集场所界定

《建筑物防雷设计规范：GB 50057—2010》第9条：人员密集的公共建筑物，如集会、展览、博览、体育、商业、影剧院、医院、学校等建筑物。

《中华人民共和国消防法》第73条第4款：人员密集场所，是指公众聚集场所，医院的门诊楼、病房楼，学校的教学楼、图书馆、食堂和集体宿舍，养老院，福利院，托儿

所,幼儿园,公共图书馆的阅览室,公共展览馆、博物馆的展示厅,劳动密集型企业的
生产加工车间和员工集体宿舍,旅游、宗教活动场所等。

3.6　雷电防护区划分

(1)本区内的各物体都可能遭到直接雷击并导走全部雷电流,以及本区内的雷击
电磁场强度没有衰减时,应划分为 LPZ0$_A$ 区。

(2)本区内的各物体不可能遭到大于所选滚球半径对应的雷电流直接雷击,以及
本区内的雷击电磁场强度仍没有衰减时,应划分为 LPZ0$_B$ 区。

(3)本区内的各物体不可能遭到直接雷击,且由于在界面处的分流,流经各导体
的电涌电流比 LPZ0$_B$ 区内的更小,以及本区内的雷击电磁场强度可能衰减,衰减程度
取决于屏蔽措施时,应划分为 LPZ1。

(4)需要进一步减小流入的电涌电流和雷击电磁场强度时,增设的后续防雷区应
划分为 LPZ2,…,LPZn 后续防雷区。

图 3.1 给出了雷电防护区划分示意图。

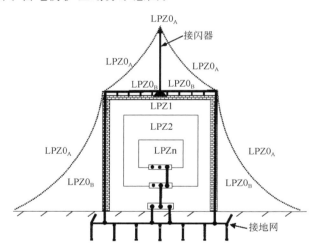

图 3.1　建筑物外部和内部雷电防护区划分示意图
(LPZ0$_A$ 与 LPZ0$_B$ 区之间无实物界面)

3.7　技术评价涉及的相关图纸

建筑:建筑防火专篇。

电气：电气说明、屋顶防雷平面图。

3.8　常见技术问题及解决方法

（1）"防雷类别"与"防护等级"概念混淆

设计文件中常见"建筑物设计为三级防雷"等模糊的概念说法，技术评价时应区分"防雷类别"与"防护级别"的概念。《雷电防护　第3部分：建筑物的物理损坏和生命危险：GB/T 21714.3—2008/IEC 623053：2006》将雷电防护系统（LPS）分为Ⅰ、Ⅱ、Ⅲ、Ⅳ四个等级；《建筑物防雷设计规范：GB 50057—2010》明确将需要防雷的建筑物根据建筑物的重要性、使用性质、发生雷击事故的可能性和后果，按防雷要求分为三类，技术评价时应依《建筑物防雷设计规范：GB 50057—2010》为准。

（2）按年预计雷击次数判定防雷类别

通常设计文件中会给出所设计的建筑物的防雷类别，如需按年预计雷击次数判断，技术评价人员应根据已知条件自行计算年预计雷击次数，核准设计的防雷类别是否符合规范要求。核准时应注意两个问题：

1）为简化评价过程又不影响评价的准确性，可按如下步骤进行核准：

①简化建筑物，取建筑物体量最大值，按照《建筑物防雷设计规范：GB 50057—2010》附录A计算年预计雷击次数，若计算的防雷类别与设计文件相一致或低于设计文件的类别标准，则判定为合格；

②通过上述计算，计算的防雷类别高于设计文件的类别标准，再用不规则建筑物等效面积的计算方法，进一步核准防雷类别。

2）判定防雷类别时，应注意界定建筑物是否属于人员密集场所，但运用时应灵活掌握，如幼儿园属于人员密集场所，但并非幼儿园所有的建筑物都属于人员密集场所，门卫即属于普通建筑物。

（3）生产车间、厂房等建筑物应注意火灾危险类别

这类建筑物根据其生产、使用或存储性质，判断是否属于易燃易爆场所，如果属于易燃易爆场所再根据爆炸性粉尘环境区域及发生雷电事故的后果判定防雷类别。技术评价时应注明此类建筑物的火灾危险类别，关于这方面的描述可在"电气说明"或"防火专篇"中找到。例如：天津某机械厂房火灾危险性为"甲"类。

（4）电子信息系统防护等级设计容易忽略的问题

常见的问题主要是设计文件没有注明医院、酒店的级别，技术评价时应特别注意。医院的非医疗设备可按普通设备设计防护等级。

第4章　防雷装置设计技术评价方法

4.1　接闪器

接闪器是用于拦截雷电流的金属导体。常用的接闪器有接闪杆、接闪带、接闪线、接闪网以及金属屋面、金属构件等。在防雷工程中根据需要可使用一种接闪器，也可是几种接闪器的组合。

4.1.1　技术评价涉及的相关图纸

建筑:建筑防火专篇。
电气:电气说明、屋顶防雷平面图。

4.1.2　审阅内容

接闪器的审阅内容主要包括接闪器的材料规格、敷设方式、连接方式、保护范围等。

(1)接闪器的材料规格

1)接闪器的材料、结构和最小截面应符合表4.1的规定。

表 4.1　接闪线(带)、接闪杆和引下线的材料、结构与最小截面

材料	结构	最小截面积（mm²）	备注⑩
铜,镀锡铜①	单根扁铜	50	厚度 2 mm
	单根圆铜⑦	50	直径 8 mm
	铜绞线	50	每股线直径 1.7 mm
	单根圆铜③④	176	直径 15 mm

续表

材料	结构	最小截面积 （mm²）	备注⑩
铝	单根扁铝	70	厚度 3 mm
	单根圆铝	50	直径 8 mm
	铝绞线	50	每股线直径 1.7 mm
铝合金	单根扁形导体	50	厚度 2.5 mm
	单根圆形导体③	50	直径 8 mm
	绞线	50	每股线直径 1.7 mm
	单根圆形导体	176	直径 15 mm
	外表面镀铜的 单根圆形导体	50	直径 8 mm，径向镀铜厚度至少 70 μm，铜纯度 99.9%
热浸镀锌钢	单根扁钢	50	厚度 2.5 mm
	单根圆钢⑨	50	直径 8 mm
	绞线	50	每股线直径 1.7 mm
	单根圆钢③④	176	直径 15 mm
不锈钢⑤	单根扁钢⑥	50⑧	厚度 2 mm
	单根圆钢⑥	50⑧	直径 8 mm
	绞线	70	每股线直径 1.7 mm
	单根圆钢③④	176	直径 15 mm
外表面镀铜的钢	单根圆钢（直径 8 mm） 单根扁钢（厚 2.5 mm）	50	镀铜厚度至少 70 μm， 铜纯度 99.9%

注：①热浸或电镀锡的锡层最小厚度为 1 μm；

②镀锌层宜光滑连贯、无焊剂斑点，镀锌层圆钢至少 22.7 g/m²、扁钢至少 32.4 g/m²；

③仅应用于接闪杆。当应用于机械应力没达到临界值之处，可采用直径 10 mm、最长 1 m 的接闪杆，并增加固定；

④仅应用于入地之处；

⑤不锈钢中，铬的含量等于或大于 16%，镍的含量等于或大于 8%，碳的含量等于或小于 0.08%；

⑥对埋于混凝土中以及与可燃材料直接接触的不锈钢，其最小尺寸宜增大至直径 10 mm 的 78 mm²（单根圆钢）和最小厚度 3 mm 的 75 mm²（单根扁钢）；

⑦在机械强度没有重要要求之处，50 mm²（直径 8 mm）可减为 28 mm²（直径 6 mm）。并应减小固定支架间的间距；

⑧当温升和机械受力是重点考虑之处，50 mm² 加大至 75 mm²；

⑨避免在单位能量 10 MJ/Ω 下熔化的最小截面是铜为 16 mm²、铝为 25 mm²、钢为 50 mm²、不锈钢为 50 mm²。

⑩截面积允许误差为 −3%。

2）接闪杆采用热镀锌圆钢或钢管制成时，其直径应符合下列规定：

杆长 1 m 以下时，圆钢不应小于 12 mm，钢管不应小于 20 mm；杆长 1～2 m 时，圆钢不应小于 16 mm,钢管不应小于 25 mm;独立烟囱顶上的杆,圆钢不应小于 20 mm,钢管不应小于 40 mm。

3)接闪杆的接闪端宜做成半球状,其最小弯曲半径为宜为 4.8 mm,最大宜为 12.7 mm。

4)当独立烟囱上采用热镀锌接闪环时,其圆钢直径不应小于 12 mm;扁钢截面不应小于 100 mm²,其厚度不应小于 4 mm。

5)架空接闪线和接闪网宜采用截面不小于 50 mm² 热镀锌钢绞线或铜绞线。

6)除第一类防雷建筑物外,金属屋面的建筑物宜利用其屋面作为接闪器,并应符合下列规定:

①板间的连接应是持久的电气贯通,可采用铜锌合金焊、熔焊、卷边压接、缝接、螺钉或螺栓连接。

②金属板下面无易燃物品时,铅板的厚度不应小于 2 mm,不锈钢、热镀锌钢、钛和铜板的厚度不应小于 0.5 mm,铝板的厚度不应小于 0.65 mm,锌板的厚度不应小于 0.7 mm。

③金属板下面有易燃物品时,不锈钢、热镀锌钢和钛板的厚度不应小于 4 mm,铜板的厚度不应小于 5 mm,铝板的厚度不应小于 7 mm。

④金属板无绝缘被覆层。

注:金属板的厚度是指上层金属板的厚度,因为雷击只会将上层金属板熔化穿孔,不会击到下层金属板,而且上层金属板的熔化物受到夹芯及下层金属板的阻挡,不会落到下层金属板的下方。要强调的是,夹芯必须是高性能的阻燃材料。

7)除第一类防雷建筑物和排放爆炸危险气体、蒸气或粉尘的放散管、呼吸阀、排风管等管道,屋顶上永久性金属物宜作为接闪器,但其各部件之间均应连成电气贯通,并应符合下列规定:

①旗杆、栏杆、装饰物、女儿墙上的盖板等,其截面应符合表 4.1 的规定,其壁厚应符合本 6)中的规定。

②输送和储存物体的钢管和钢罐的壁厚不应小于 2.5 mm;当钢管、钢罐一旦被雷击穿,其内的介质对周围环境造成危险时,其壁厚不应小于 4 mm。

(2)接闪器的敷设方式

第一类防雷建筑物应装设独立接闪杆或架空接闪线或网。架空接闪网的网格尺寸不应大于 5 m×5 m 或 6 m×4 m;当难以装设独立的外部防雷装置时,可将接闪杆或网格不大于 5 m×5 m 或 6 m×4 m 的接闪网或由其混合组成的接闪器直接装在建筑物上,当建筑物高度超过 30 m 时,首先应沿屋顶周边敷设接闪带,接闪带应设在外墙外表面或屋檐边垂直面上,也可设在外墙外表面或屋檐垂直面外,接闪器之间应互相连接。

第二类防雷建筑物宜采用装设在建筑物上的接闪网、接闪带或接闪杆,也可采用由接闪网、接闪带或接闪杆混合组成的接闪器。并应在整个屋面组成不大于 10 m×10 m 或 12 m×8 m 的网格；当建筑物高度超过 45 m 时，首先应沿屋顶周边敷设接闪带，接闪带应设在外墙外表面或屋檐边垂直面上，也可设在外墙外表面或屋檐边垂直面外，接闪器之间应互相连接。

第三类防雷建筑物宜采用装设在建筑物上的接闪网、接闪带或接闪杆，也可采用由接闪网、接闪带或接闪杆混合组成的接闪器。并应在整个屋面组成不大于 20 m×20 m 或 24 m×16 m 的网格；当建筑物高度超过 60 m 时，首先应沿屋顶周边敷设接闪带，接闪带应设在外墙外表面或屋檐边垂直面上，也可设在外墙外表面或屋檐边垂直面外，接闪器之间应互相连接。

此外，要注意的是：当建筑物高度超过滚球半径（一类 30 m/二类 45 m/三类 60 m）时，首先应沿屋顶周边敷设接闪带，接闪带应设在外墙外表面或屋檐边垂直面外，使外墙或屋檐外角及女儿墙顶外边角受到保护。

接闪带将原支架顶适当加长倾斜弯到所规定的位置如图 4.1。如利用金属栏杆作为接闪器时，可将其顶部做成喇叭口，具体做法如图 4.2。

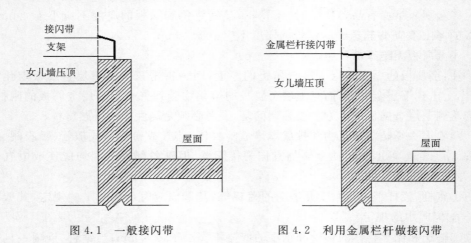

图 4.1　一般接闪带　　　　　　　图 4.2　利用金属栏杆做接闪带

（3）暗敷接闪器的要求

1）暗敷接闪器的形式

①利用建筑物 V 形折板内钢筋做接闪器。

②利用女儿墙压顶板内或檐口内的钢筋暗装做接闪器。

③利用建筑物屋面内钢筋作接闪器。

④专设接闪器暗敷。

2）暗敷接闪器的要求

①《建筑物防雷设计规范：GB 50057—2010》中第 3.0.3 条 2、3、4、9、10 款和 3.0.4 条 1、2、3 款：多层建筑物当其女儿墙以内的屋顶钢筋网以上的防水和混凝土

层允许不保护时,宜利用屋顶钢筋网作为接闪器;这些建筑物周围除保安人员巡逻外通常无人停留时宜利用女儿墙压顶板内或檐口内的钢筋作为接闪器;

②高层建筑物的接闪器不应暗敷

解释:暗敷接闪器的后果是,当建筑物遭受直击雷后,雷电流沿混凝土进入暗敷的接闪器,然后沿引下线、接地装置泄放入地,但是强大的雷电流在混凝土中传导时,雷电流传导路径处产生的高温,会使混凝土内的雨水迅速气化,从而发生冲击波效应,造成雷击点处混凝土或防水层破坏。这样会有小块的混凝土或其他一些覆盖物从建筑物上掉落。对于高层建筑物,这些坠落物的动量要比多层建筑物落到地面的动量大许多,极易击中停留或途经该建筑附近的人员、车辆,引发次生灾害。

虽然《建筑物防雷设计规范:GB 50057—2010》没有明确规定不允许利用高层建筑物屋顶结构钢筋做接闪器,但其前置条件"防水和混凝土层允许不保护"和"建筑物周围通常无人停留",现实中很难满足,况且《建筑物防雷工程施工与质量验收规范:GB 50601—2010》中 6.1.1 条第 3 款规定"高层建筑物的接闪器应采取明敷";因此高层建筑物的接闪器不应暗敷。

(4)防侧击

1)第一类防雷建筑物,应从 30 m 起每隔不大于 6 m 沿建筑物四周设水平接闪带并与引下线相连;30 m 及以上外墙上的栏杆、门窗等较大的金属物应与防雷装置连接。

2)第二/三类防雷建筑物,高于 60 m 的建筑物,其上部占高度 20% 并超过 60 m 的部位应防侧击,防侧击应符合下列规定:

①在建筑物上部占高度 20% 并超过 60 m 的部位,各表面上的尖物、墙角、边缘、设备以及显著突出的物体,应按屋顶的保护措施考虑。

②在建筑物上部占高度 20% 并超过 60 m 的部位,布置接闪器应符合对本类防雷建筑物的要求,接闪器应重点布置在墙角、边缘和显著突出的物体上。

③外部金属物,当其最小尺寸符合 4.1.2 中(1)6)②的规定时,可利用其作为接闪器,还可利用布置在建筑物垂直边缘处的外部引下线作为接闪器。

④符合接闪器要求的钢筋混凝土内钢筋和建筑物金属框架,当作为引下线或与引下线连接时,均可利用其作为接闪器。

⑤外墙内、外竖直敷设的金属管道及金属物的顶端和底端,应与防雷装置等电位连接。

(5)接闪杆保护范围计算

1)单支接闪杆的保护范围

如图 4.3 所示,当接闪杆的高度 $h \leqslant h_r$(滚球半径)时,距地面 h_r 处作一平行于地面的平行线;以针尖为圆心,h_r 为半径作弧线交于平行线 A、B 两点;以 A、B 两点为圆心,以 h_r 为半径作弧线,该弧线与针尖相交并与地面相切。从此弧线起到地面止,就是保护范围。保护范围是一个对称的曲面锥体如图 4.4 和图 4.5。

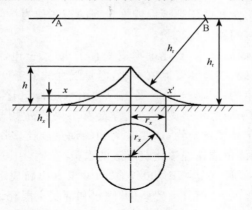

图 4.3　单支接闪杆的保护范围

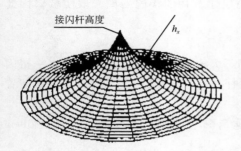

图 4.4　单支接闪杆的保护范围立体图　　图 4.5　单支接闪杆在 h_x 高度的保护范围

①接闪杆在 h_r 高度的 xx' 平面和地面上的保护半径按下列方法确定：

单支接闪杆的保护范围的计算式确定如下：

$$r_x = \sqrt{h(2h_r - h)} - \sqrt{h_x(2h_r - h_x)} \tag{4.1}$$

$$r_0 = \sqrt{h(2h_r - h)} \tag{4.2}$$

式中，r_x 为接闪杆在 h_x 高度的 xx' 平面的保护半径(m)；h_r 为滚球半径(m)；h_x 为被保护物的高度(m)；r_0 为接闪杆在地面上的保护半径(m)。

②安装在建筑物屋面上接闪杆长度的确定，分两种典型情况加以说明。

(a)建筑物顶部周边有效的接闪带

如图 4.6 所示，该图为某建筑物顶部的剖面，其左右对称，A 为顶部周边屋檐处的接闪带(或可被利用做接闪器的金属物)，B 为需要保护突出屋面上的最外一点，先分别以 A、B 为圆心，以选定的滚球半径 h_r 为半径画两条圆弧，他们相交于 C 点，再以 C 点为圆心，以 h_r 为半径，画圆弧交对称轴线于 O 点，则在 O' 处设立一支接闪杆，其长度大于 OO' 即可实现对突出屋面部分的保护。

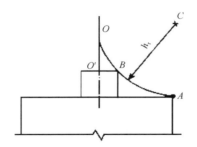

图 4.6　建筑物顶部设接闪带情况的接闪杆长度确定

(b)建筑物顶设有效接闪网

如图 4.7 所示,该图与图 4.6 类似,但其顶部面积较大,屋面设置了接闪网。先在接闪网上方作一条平行于接闪网的水平线,两者之间的距离为 h_r,以突出屋面上最外一点 B 为圆心,画圆弧交水平线于 C 点。再以 C 为圆心,以 h_r 为半径,画圆弧交对称轴于 O 点,则在 O′点设立一支接闪杆。当其长度大于 OO′时即可实现对突出屋面的保护。

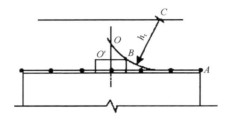

图 4.7　建筑物顶部设接闪网情况的接闪杆长度确定

③公式修订法

式(4.1)、式(4.2)是以大地为基准面,如果以建筑物屋面为基准面,直接使用公式(4.1)、式(4.2)计算,需要满足几个条件:(a)建筑物屋面须为实体屋面且设有效的接闪器;(b)接闪杆距被保护物一侧建筑物屋面边缘的距离不小于该接闪杆在地面上的最大保护距离。如图 4.8 当 $a < r_0$ 时,式(4.1)、式(4.2)不成立,此时公式中的 h 为图 4.8 中的 h_1,h_x 为图 4.8 中的 h_2。

当 $a < r_0$ 时,要用"公式法"求得滚球弧线 2 的保护范围,就应对式(4.1)、式(4.2)进行修订,否则计算结果会是滚球弧线 1 的保护范围,滚球弧线 1 的保护范围犯了虚拟平面的错误。

公式修订法要引入一个有因果关系的变量,即图 4.8 中所示的 Δh,式(4.1)、式(4.2)中的参数 $h = h_1 + \Delta h$,$h_x = h_2 + \Delta h$,代入式(4.1)、式(4.2),下式成立

$$r_x = \sqrt{(h_1 + \Delta h)[2h_r - (h_1 + \Delta h)]} - \sqrt{(h_2 + \Delta h)[2h_r - (h_2 + \Delta h)]} \quad (4.3)$$

$$r_0 = \sqrt{(h_1 + \Delta h)[2h_r - (h_1 + \Delta h)]} \quad (4.4)$$

变量 Δh 为：

$$\Delta h = h_r - \frac{h_1}{2} - a \sqrt{\frac{h_r^2}{h_r^2 + a^2} - \frac{1}{4}} \qquad (4.5)$$

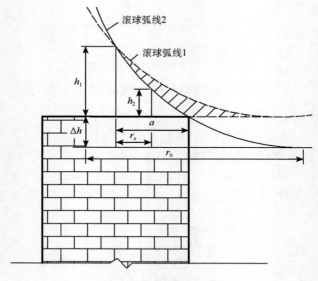

图 4.8　公式修订法的验证

例如，设 $h_1 = 20$ m，$h_x = 7.83$ m，$a = 20$ m，代入公式修订法，可得 $r_x = 9.79$ m。

2）接闪器保护范围计算的其他情况参考《建筑物防雷设计规范：GB 50057—2010》附录 D。

（6）排放爆炸危险气体、蒸气或粉尘的放散管、呼吸阀、排风管等的保护范围确定

1）第一类防雷建筑物

①排放爆炸危险气体、蒸气或粉尘的放散管、呼吸阀、排风管等的管口外的以下空间应处于接闪器的保护范围内：

当有管帽时应按《建筑物防雷设计规范：GB 50057—2010》表 4.2.1 的规定确定；

当无管帽时，应为管口上方半径 5 m 的半球体；

接闪器与雷闪的接触点应设在以上两项所规定的空间之外。

②排放爆炸危险气体、蒸气或粉尘的放散管、呼吸阀、排风管等，当其排放物达不到爆炸浓度、长期点火燃烧、一排放就点火燃烧，以及发生事故时排放物才达到爆炸浓度的通风管、安全阀，接闪器的保护范围可仅保护到管帽，无管帽时可仅保护到管口。

2）第二/三类防雷建筑物

①排放爆炸危险气体、蒸气或粉尘的放散管、呼吸阀、排风管等管道应符合 4.1.2 中（6）1）①的规定。

②排放无爆炸危险气体、蒸气或粉尘的放散管、烟囱 1 区、21 区、2 区和 22 区爆炸危险场所的自然通风管,0 区和 20 区爆炸危险场所的装有阻火器的放散管、呼吸阀、排风管,以及 4.1.2 中(6)1)②所规定的管、阀及煤气和天然气放散管等,其防雷保护应符合下列规定:

(a)金属物体可不装接闪器,但应和屋面防雷装置相连。

(b)除符合 4.1.2 中(7)的规定情况外,在屋面接闪器保护范围之外的非金属物体应装接闪器,并和屋面防雷装置相连。

(7)对第二类和第三类防雷建筑物,突出屋面的孤立物体应符合如下规定

1)没有得到接闪器保护的屋顶孤立金属物的尺寸不超过以下数值时,可不要求附加的保护措施:

①高出屋顶平面不超过 0.3 m。

②上层表面总面积不超过 1.0 m²。

③上层表面的长度不超过 2.0 m。

2)不处在接闪器保护范围内的非导电性屋顶物体,当它没有突出由接闪器形成的平面 0.5 m 以上时,可不要求附加增设接闪器的保护措施。

(8)第一类防雷建筑物安全距离

独立接闪杆和架空接闪线或网的支柱及其接地装置至被保护建筑物及与其有联系的管道、电缆等金属物之间的间隔距离(图 4.9),应按下列公式计算,但不得小于 3 m。

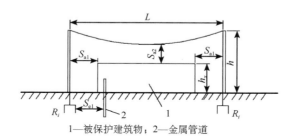

1—被保护建筑物；2—金属管道

图 4.9　防雷装置至被保护物的间隔距离

1)地上部分:

当 $h_x < 5R_i$ 时:

$$S_{a1} \geqslant 0.4(R_i + 0.1h_x) \tag{4.6}$$

当 $h_x \geqslant 5R_i$ 时:

$$S_{a1} \geqslant 0.1(R_i + h_x) \tag{4.7}$$

2)地下部分:

$$S_{e1} \geqslant 0.4R_i \tag{4.8}$$

式中,S_{a1} 为空气中的间隔距离(m);S_{e1} 为地中的间隔距离(m);R_i 为独立接闪杆、架

空接闪线或网支柱处接地装置的冲击接地电阻(Ω);h_x 为被保护建筑物或计算点的高度(m)。

架空接闪线至屋面和各种突出屋面的风帽、放散管等物体之间的间隔距离(图4.9),应按下列公式计算,但不应小于 3 m。

①当($h+L/2$)<$5R_i$ 时:

$$S_{a2} \geqslant 0.2R_i + 0.03(h+L/2) \tag{4.9}$$

②当($h+L/2$)≥$5R_i$ 时:

$$S_{a2} \geqslant 0.05R_i + 0.06(h+L/2) \tag{4.10}$$

式中,S_{a2} 为接闪线至被保护物在空气中的间隔距离(m);h 为接闪线的支柱高度(m);L 为接闪线的水平长度(m)。

架空接闪网至屋面和各种突出屋面的风帽、放散管等物体之间的间隔距离,应按下列公式计算,但不应小于 3 m。

①当($h+L_1$)<$5R_i$ 时:

$$S_{a2} \geqslant \frac{1}{n}[0.4R_i + 0.06(h+L_1)] \tag{4.11}$$

②当($h+L_1$)≥$5R_i$ 时:

$$S_{a2} \geqslant \frac{1}{n}[0.1R_i + 0.12(h+L_1)] \tag{4.12}$$

式中,S_{a2} 为接闪网至被保护物在空气中的间隔距离(m);L_1 为从接闪网中间最低点沿导体至最近支柱的距离(m);n 为从接闪网中间最低点沿导体至最近不同支柱并有同一距离 L_1 的个数。

4.1.3　常见技术问题及解决方法

(1)接闪杆常见设计问题

1)虚拟平面的错误

接闪杆保护范围的确定,是设计中出现最频繁也是最难以修改的错误。先来分析一下错误是如何产生的,如图 4.10 弧线 1 是设计者在通过"以屋面当地面"的变通,套用"公式法"计算保护范围,这种设计方法显然是设计者没有注意"屋面当地面"的条件,这样就引入了"虚拟平面"的概念,即滚球弧线与屋面延长线相切,这个切点并非实际的屋面,更不是防雷装置,而是将屋面延伸出的一个几何平面,即"虚拟平面"上,这样做的危害是看似被保护物 a、b 均在保护范围内,但实际的保护线是弧线2,因此只有 a 在保护范围内,b 不能被保护,基于"虚拟平面"的保护范围内的 b 存在极高的雷击风险。

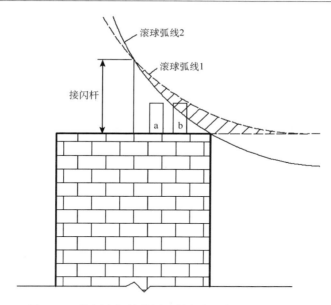

图 4.10　作图法保护范围及其与虚拟保护范围的比较

技术评价人员应按照正确的方法,核准接闪杆的保护范围,为了避免虚拟平面的错误,具体可依据本书给出的修订公式法或作图法。

2)接闪杆规格不匹配

设计中常出现"接闪杆长度为 1.5 m,圆钢为直径为 12 mm",这样的规格设计违反了《建筑物防雷设计规范:GB 50057—2010》第 5.2.2 条第 1 款、第 2 款的规定,技术评价时应特别注意。

3)提前放电(ESE)接闪杆的处理

设计中常常有提前放电(ESE)接闪杆,并提供厂家的产品参数,证明此种类型接闪杆的保护范围比普通接闪杆保护范围大得多,但对于提前放电(ESE)接闪杆,现行规范无对其认定的规定,此外《建筑物防雷设计规范:GB 50057—2010》主要起草人林维勇对 ESE 也有如下说明"ESE 接闪器在科学技术上尚存在问题,需要进一步研究实验,如果一定要采用 ESE 接闪器的话,只能将其按普通接闪杆对待"。因此,技术评价中,提前放电(ESE)接闪杆均按普通接闪杆对待。

(2)接闪带、网的敷设问题

1)设计中关于"当建筑物高度超过(二类 45 m/三类 60 m)时,首先应沿屋顶周边敷设接闪带,接闪带应设在外墙外表面或屋檐边垂直面上,也可设在外墙外表面或屋檐边垂直面外。"并无说明或图示。

通常设计文件中,只在屋顶防雷平面图中沿建筑物女儿墙绘制接闪装置,无法将规范的要求的"当建筑物高度超过(二类 45 m/三类 60 m)时,首先应沿屋顶周边敷设接闪带,接闪带应设在外墙外表面或屋檐边垂直面上,也可设在外墙外表面或屋檐边垂直面外"内容表示出来,这样会造成施工时忽视此问题,带来一定的安全隐患,因此技术评价时应当要求补充设计说明,补充接闪装置向外侧弯曲或补充相关的剖面大样图,如图 4.1 和图 4.2 所示。

2)屋檐位置无接闪带情况处理

设计文件中有时会出现如图 4.11 所示:屋檐周边无接闪带的情况,遇到这类问题,技术评价人员不应盲目判断其是否合格,应依《建筑物防雷设计规范:GB 50057—2010》附录 B 第 B.0.4 条核准。

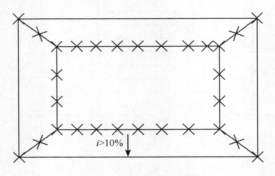

图 4.11　屋顶接闪带敷设

3)老虎窗直击雷防护措施

老虎窗,又称老虎天窗,指一种开在屋顶上的天窗。也就是在斜屋面上凸出的窗,用作房屋顶部的采光、通风或装饰。如图 4.12 所示,显然老虎窗处于屋顶易受雷击部位。

图 4.12　老虎窗照片

设计文件中对此类建筑物大多数仅仅在屋顶敷设接闪器,虽然老虎窗上是否需要敷设接闪器,规范没有具体要求,但根据规范原则性规定,易受雷击部位应在接闪器的保护范围之内,通常屋顶敷设的接闪带、网不能够保护到老虎窗,因此技术评价时应要求补充老虎窗防雷装置。具体做法如图 4.13 和图 4.14 所示。

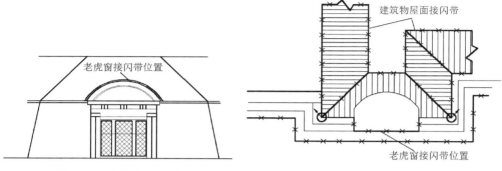

图 4.13 老虎窗立面图 图 4.14 老虎窗屋顶防雷平面图

4)暗敷接闪网的处理

当设计文件中按规范使用屋顶钢筋网或女儿墙压顶钢筋网或檐口内钢筋网做暗敷接闪器时,应有设计单位的文字说明:女儿墙以内的屋顶钢筋网以上的防水和混凝土层允许不保护,技术评价才能视为合格。注:此情况仅限于多层建筑物。

(3)屋顶设备的直击雷防护措施

1)屋顶航空障碍灯、非金属冷却塔、卫星天线、屋顶彩灯、风机的直击雷防护措施。

航空障碍灯、非金属冷却塔、卫星天线、屋顶彩灯、风机是设计文件中常见的屋顶用电设备,其直击雷防护措施有两种评价方法:

①依据图集时,设计文件中应明确现行图集的名称及页码;

②依据规范自行设计时,应提供接闪器名称、材料、材质、规格及保护范围的证明过程。

2)太阳能集热设备

太阳能集热设备是一种将太阳的辐射能转换为热能的设备。由于太阳能比较分散,必须设法把它集中起来,所以,集热器是各种利用太阳能装置的关键部分。但因其采光要求多安装于建筑物的顶部,且大都高于建筑物的接闪带高度,故易受雷击而导致设备损坏、甚至人员伤亡。为减小或防范雷击太阳能集热设备造成的损害,在对建筑物进行防雷装置设计技术评价时,要特别注意核准太阳能集热设备的防雷装置设计必须符合现行国家标准,本书以防雷装置设计技术评价中常见的太阳能热水器设计为例,列举几种可行的防雷装置设计方法。

①在距热水器有一定的安全距离位置安装独立的接闪杆,接闪杆仅与屋面建筑物防雷装置连接泄流入地,如图 4.15。

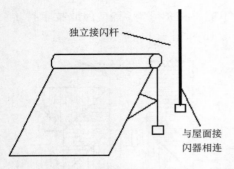

图 4.15　独立单支接闪杆

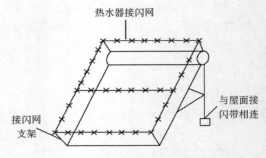

图 4.16　在太阳能热水器上安装接闪网

②这种方法是在太阳能热水器周边安装接闪网,接闪网的支架也是安装在热水器的金属支架上,利用热水器钢结构支架作泄放雷电流导体,将其与屋面防雷装置连接,如图 4.16。

③接闪网支架不与热水器金属构架直接连通,每个接闪网支架均设置泄流导体就近均匀连接于建筑物屋面防雷装置(接闪带、网)。这种方法能使接闪网与热水器隔离,增加了分流路径,降低了接闪网瞬态电位强度及高电位持续时间,弥补了单台热水器安装独立接闪杆泄流途径少和为覆盖热水器整体而增高接闪杆导致过度引雷、建设成本高的缺点,适用于单台热水器和成片安装的太阳能热水器防护。接闪网、接闪网及其支架与热水器边缘距离不小于 150 mm。如图 4.17 和图 4.18 所示。

④热水器架设独立的接闪杆,利用建筑物女儿墙接闪网或女儿墙上架设与建筑物接闪网连接的短接闪杆组成双杆或多杆保护形式。接闪杆不与热水器金属构架直接连通,每支接闪杆支架均设置泄流导体就近均匀连接于建筑物屋面防雷装置(接闪带、网)。对于成片安装的太阳能热水器,可相对设置双排多支接闪杆如图 4.19。

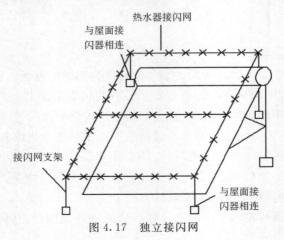

图 4.17　独立接闪网

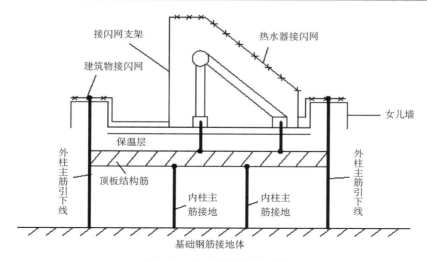

图 4.18 独立接闪网立面图

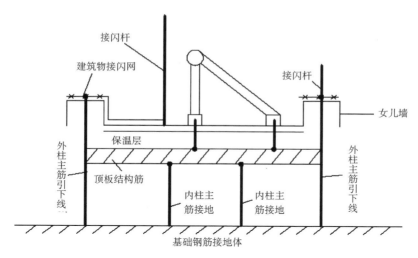

图 4.19 多杆保护形式

注:以上几种方法仅为常见的设计方法,技术评价时若遇到其他设计方法,应以现行规范原则核准。

(4)第一类防雷建筑物的安全距离问题

本书给出了第一类防雷建筑物安全距离的计算公式,但对于"不得小于 3 m"的理解,确是很多技术评价人员常常出现错误的地方。正确理解应该是:当计算结果小于 3 m 时,不得小于 3 m;当计算结果大于 3 m 时,按计算结果。这里通过一道例题,来帮助理解。

【例 4.1】图 4.20 为一座第一类防雷建筑物,假设其高度 $h_x=10$ m,当接闪杆冲

击接地电阻 $R_i=0.5\ \Omega$ 和当 $R_i=10\ \Omega$ 时,接闪杆与建筑物在地上的安全距离 S 是多少?

当 $h_x<5R_i$ 时:$S\geqslant 0.4(R_i+0.1h_x)$

当 $h_x\geqslant 5R_i$ 时:$S\geqslant 0.1(R_i+h_x)$

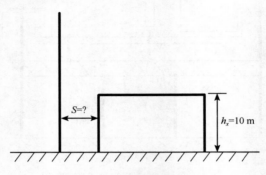

图 4.20　安全距离计算

当 $R_i=0.5\Omega$ 时,$h_x\geqslant 5R_i$,$S\geqslant 0.1(R_i+h_x)=0.1(0.5+10)=1.05\ \mathrm{m}$,根据规范安全距离不得小于 3 m 的要求,所以 S 取 3 m。

当 $R_i=10\Omega$ 时,$h_x<5R_i$,$S\geqslant 0.4(R_i+0.1h_x)=0.4(10+1)=4.4\ \mathrm{m}$,所以 S 取 4.4 m。

(5)防侧击

1)第一类防雷建筑物

①建筑物应装设等电位连接环,环间垂直距离不应大于 12 m,所有引下线、建筑物的金属结构和金属设备均应连到环上。等电位连接环可利用电气设备的等电位连接干线环路;

②当建筑物高于 30 m 时,尚应采取下列防侧击的措施:

应从 30 m 起每隔不大于 6 m 沿建筑物四周设水平接闪带并与引下线相连;

30 m 及以上外墙上的栏杆、门窗等较大的金属物应与防雷装置连接。

2)第二类/三类防雷建筑物

高度超过 45 m(二类)/60 m(三类)的建筑物,除屋顶的外部防雷装置应符合相关规定外,尚应符合下列规定:

①对水平突出外墙的物体,当滚球半径 45 m(二类)/60 m(三类)球体从屋顶周边接闪带外向地面垂直下降接触到突出外墙的物体时,应采取相应的防雷措施。

②高于 60 m 的建筑物,其上部占高度 20% 并超过 60 m 的部位应防侧击,防侧击应符合下列规定:

(a)在建筑物上部占高度 20% 并超过 60 m 的部位,各表面上的尖物、墙角、边缘、设备以及显著突出的物体,应按屋顶的保护措施考虑;

（b）在建筑物上部占高度 20％并超过 60 m 的部位，布置接闪器应符合对本类防雷建筑物的要求，接闪器应重点布置在墙角、边缘和显著突出的物体上；

（c）外部金属物，当其最小尺寸符合接闪器的规定时，可利用其作为接闪器，还可利用布置在建筑物垂直边缘处的外部引下线作为接闪器；

（d）符合接闪器要求的钢筋混凝土内钢筋和建筑物金属框架，当作为引下线或与引下线连接时，均可利用其作为接闪器。

③外墙内、外竖直敷设的金属管道及金属物的顶端和底端，应与防雷装置等电位连接。

注：第二类、第三类防雷建筑物，高度超过 60 m 的建筑物，其上部占高度 20％并且超过 60 m 的部位应采取防侧击雷，而其余部位不需要采取防侧击措施。例如 100 m 的高层建筑物，只要在 80～100 m 之间高度范围内设置防侧击雷；70 m 的高层建筑物，也只要在 60～70 m 之间高度范围内设置防侧击雷。IEC 的解释是：随着高层建筑物雷击点的高度降低，闪击侧边的概率迅速降低，只需考虑建筑物高度 20％的并超过 60 m 的部位，而低于 60 m 的建筑物，闪击侧边的概率可以忽略不计。

4.2　引下线

引下线是连接防雷接闪装置和接地装置的一段导线，用于将雷电流从接闪器传导至接地装置。引下线可以是若干条并联的电流通路，其电流通路的长度应是最短的。

4.2.1　技术评价涉及的相关图纸

建筑：建筑防火专篇。

电气：电气说明、屋顶防雷平面图。

4.2.2　审阅内容

引下线的审阅内容包括引下线的材料规格、敷设方式、连接方式等。

（1）材质、规格

引下线宜采用热镀锌圆钢或扁钢，宜优先采用圆钢。当独立烟囱上的引下线采用圆钢时，其直径不应小于 12 mm；采用扁钢时，其截面不应小于 100 mm²，厚度不应小于 4 mm。

专设引下线应沿建筑物外墙外表面明敷，并经最短路径接地；建筑外观要求较高者可暗敷，但其圆钢直径不应小于 10 mm，扁钢截面不应小于 80 mm²。

引下线材质、规格应符合表 4.1 的规定。

（2）敷设形式及位置

1）第一类防雷建筑物

①独立接闪杆的杆塔、架空接闪线的端部和架空接闪网的每根支柱处应至少设一根引下线。对用金属制成或有焊接、绑扎连接钢筋网的杆塔、支柱，宜利用金属杆塔或钢筋网作为引下线。

②防闪电感应应符合下列规定：

金属屋面周边每隔 18～24 m 应采用引下线接地一次；

现场浇灌的或用预制构件组成的钢筋混凝土屋面，其钢筋网的交叉点应绑扎或焊接，并应每隔 18～24 m 采用引下线接地一次。

③当难以装设独立的外部防雷装置时，引下线不应少于两根，并应沿建筑物四周和内庭院四周均匀或对称布置，其间距沿周长计算不宜大于 12 m。

2）第二类/三类防雷建筑物

①建筑物宜利用钢筋混凝土屋顶、梁、柱、基础内的钢筋作为引下线。

②专设引下线不应少于 2 根，并应沿建筑物四周和内庭院四周均匀对称布置，其间距沿周长计算不宜大于 18 m/25 m。当建筑物的跨度较大，无法在跨距中间设引下线，应在跨距两端设引下线并减小其他引下线的间距，专设引下线的平均间距不应大于 18 m/25 m。

3）其他

①建筑物的钢梁、钢柱、消防梯等金属构件以及幕墙的金属立柱宜作为引下线，但其各部件之间均应连成电气贯通，可采用铜锌合金焊、熔焊、卷边压接、缝接、螺钉或螺栓连接；其截面应符合表 4.1，各金属构件可被覆有绝缘材料。

②采用多根专设引下线时，应在各引下线上距地面 0.3～1.8 m 之间装设断接卡。当利用混凝土内钢筋、钢柱作为自然引下线并同时采用基础接地体时，可不设断接卡，但利用钢筋作引下线时应在室内外的适当地点设若干连接板。当仅利用钢筋作引下线并采用埋于土壤中的人工接地体时，应在每根引下线上距地面不低于 0.3 m 处设接地体连接板。采用埋于土壤中的人工接地体时应设断接卡，其上端应与连接板或钢柱焊接，连接板处宜有明显标志。

③第二类防雷建筑物或第三类防雷建筑物为钢结构或钢筋混凝土建筑物时，在其钢构件或钢筋之间满足可靠电气连接时，并利用其作为引下线的条件下，当其垂直支柱均起到引下线的作用时，可不要求满足专设引下线之间的间距。

4.2.3　常见技术问题及解决方法

（1）"专设引下线"与"自然引下线"的区别

由于《建筑物防雷设计规范：GB 50057—2010》中没有"专设引下线"和"自然引

下线"的术语解释,造成很多设计人员混淆了规范中对二者使用的规定。

"专设引下线"指专门敷设,区别于利用建筑物的金属体做引下线,通常用于木结构建筑物、砖结构建筑物、古建筑等。

"自然引下线"是指利用钢筋混凝土梁、柱内柱筋、钢梁、钢柱等金属构件做引下线。

(2)平均间距的不当使用

因《建筑物防雷设计规范:GB 50057—2010》中第 4.3.3 条、4.4.3 条提及"平均间距",很多设计文件滥用平均间距来弥补引下线最大间距超过规范对各类别建筑物相应的要求。

应用平均间距时应注意平均间距的适用条件,即"当建筑物的跨度较大,无法在跨距中间设引下线时,应在跨距两端设引下线并减小其他引下线的间距,专设引下线的平均间距不应大于(二类 18 m/三类 25 m)"。跨度是指建筑物承重构件比如柱子、承重墙等之间的距离。

当建筑物全部使用专设引下线,引下线间距应满足各类别防雷建筑物对引下线最大间距的要求,不应引用平均间距。

(3)最大间距的计算方法

技术评价时,引下线间距的计算是外部防雷装置通常都会涉及到的问题,对于计算方法,确是困惑许多设计人员及评价人员,正确的计算方法是"沿接闪器周长计算"。如图 4.21 为屋顶引下线敷设平面图,设此建筑物为第三类防雷建筑物,计算 AD 两处引下线的间距 S_{AD}

错误的方法:$S_{AD}=21$ m,即 AD 两点间直线距离

正确的方法:$S_{AD}=S_{AB}+S_{BC}+S_{CD}=5$ m+6 m+15 m=26 m,即沿接闪器周长计算

由此可见,计算方法的正确与否,直接影响技术评价的准确性。

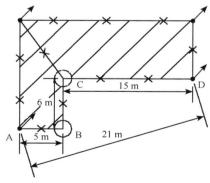

图 4.21　引下线敷设平面图

（4）引下线应敷设在易受雷击部位

如图 4.21，通过以上计算，仅在 AD 两处设引下线，其间距不符合《建筑物防雷设计规范：GB 50057—2010》规范要求的第三类防雷建筑物引下线间距不应大于 25 m 的要求，因此需要再另行设计一处引下线，若现场条件只允许在 B 或 C 处敷设，根据引下线应敷设在易受雷击部位的原则，将引下线另设于 B 处。

4.3　接地装置

4.3.1　接地基础知识

（1）接地和接地装置

1）接地：将电力系统或电气装置的某一部分经接地线连接到接地体称为接地。（或电力设备、杆塔或过电压保护装置用接地线与接地体连接，称为接地）。电气设备在运行中，如发生接地短路，则短路电流通过接地体以半球形状向地中流散。试验证明：在离开单根接地体或接地板 20 m 以外的地方，该处的电位接近于零，把电位等于零的地方称作电气上的"地"。

从防雷的角度来讲，把接闪器与大地作良好的电气连接也叫接地。根据防雷接地系统的功能特点，可划分为以下几类：防直击雷接地；防雷电感应接地；防雷电波侵入接地；等电位连接接地。

2）接地体：埋入地中并直接与大地接触的金属导体，称为接地体或接地极。兼作接地体用的直接与大地接触的各种金属构件、金属井管、建筑物的钢筋混凝土基础等称为自然接地体。专门为接地而装设的接地体，称为人工接地体。

3）接地线：连接接地体及设备接地部分的导体（或电力设备、杆塔的接地螺栓与接地体和零线连接用的在正常情况下不载流的金属导体）称为接地线。接地线又分为接地干线和接地支线。

4）接地装置：接地体和接地线的总和，称为接地装置。

5）接地网：由若干接地体在大地中相连接而组成的总体，称为接地网。

（2）接地的分类

接地一般分为两种：保护性接地、功能性接地。

1）保护性接地

①保护接地：为保护人身安全、防止间接触电，将设备的外露可导电部分进行接地，称为保护接地。保护接地的形式有两种，一种是设备的外露可导电部分经各自的接地保护线分别直接接地；另一种是设备的外露可导电部分经公共的保护线接地。高压电力设备的金属外壳、钢筋混凝土杆和金属杆塔，由于绝缘损坏有可能带电，为

了防止这种电压危及人身安全把电气设备不带电的金属部分与接地体之间作良好的金属连接叫保护接地。电力设备金属外壳等与零线连接则称为保护接零,简称接零。保护接地包括保护接地和接零。

②过电压保护接地:消除过电压以及消除雷击和过电压的危险影响而设的电压保护装置的接地。防雷接地也是一种过电压保护接地(将雷电导入大地,防止雷电流使人受到电击或财产受到损失)。

③防静电接地:消除生产过程中产生的静电而设的接地。

④防电蚀接地:在地下埋设金属体作为牺牲阳极或牺牲阴极,保护与之连接的金属体,例如金属输油管。

2)功能性接地

①工作接地:在电力系统中,为保护电力设备达到正常工作要求的接地,称为工作接地。如图 4.22 所示的电源中性点直接接地的电力系统中,变压器中性点接地,或发电机中性点接地。

②屏蔽接地:防止电磁感应而对电力设备的金属外壳、屏蔽罩、屏蔽线的外皮或建筑物金属屏蔽体等进行的接地。

③逻辑接地:为了获得稳定的参考电位,将电子设备中的适当金属体作为参考零电位,须获得零电位的电子器件接在此金属件上,这种接法称为逻辑接地。

④信号接地:为保证信号具有稳定的基准电位而设置的接地。

⑤重复接地:如图 4.22 所示,在中性线直接接地系统中,为确保保护线安全可靠,除在变压器或发电机中性点处进行工作接地外,还在保护线其他地方进行必要的接地,称为重复接地。

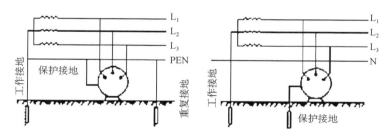

图 4.22　工作接地、保护接地和重复接地

(3)低压电力网安全电压和接地

1)安全电压的规定

研究得知,当通过人体的工频电流超过 50 mA 时,对人就有致命的危险。人的皮肤在清洁、干燥的情况下其阻值可达几十万欧姆,一旦有伤口或处于潮湿或脏污状态时,却降至 800~1000 Ω。

根据上述研究结果,我国规定的安全电压为:在没有高度危险的场所为 55 V,在高度危险的场所为 36 V,在特别危险的场所为 12 V。

2)国际电工委员会(International Electrotechnical Commission,IEC)对低压供电系统接地的文字代号规定

第一个字母表示电力系统的对地关系:

T:一点直接接地;

I:所有带电部分与地绝缘,或一点经阻抗接地。

第二个字母表示装置的外露可导电部分的对地关系:

T:外露可导电部分对地直接电气连接,与电力系统的任何接地点无关;

N:外露可导电部分与电力系统的接地点直接电气连接(在交流系统中,接地点通常就是中性点),后面还有字母时,这些字母表示中性线与保护线的组合;

S:中性线和保护线是分开的;

C:中性线和保护线是合一的。

3)接地保护与接零保护的几种接线方式

①电力设备的下列金属部分,除另有规定者外,均应接地或接零:

变压器、电机、电器、携带式及移动式用电器具等的底座和外壳;

电力设备传动装置;

互感器的二次绕组;

配电屏与控制屏的框架;

屋内外配电装置的金属构架和钢筋混凝土构架,以及靠近带电部分的金属围栏和金属门;

交、直流电力电缆接线盒、终端盒的外壳和电缆的外皮,穿线的钢管等;

装有接闪线的电力线路杆塔;

在非沥青地面的居民区内,无接闪线(接地短路电流)的架空电力线路的金属杆塔和钢筋混凝土杆塔;

装在配电线路杆上的开关设备、电容器等电力设备;

铠装控制电缆的外皮、非铠装或非金属护套电缆的 1~2 根屏蔽芯线。

②电力设备的下列金属部分,除另有规定外,可不接地或不接零:

在木质、沥青等不良导电地面的干燥房间内,交流额定电压 380 V 及其以下、直流额定电压 440 V 及其以下的电力设备外壳,但当维护人员可能同时触及电力设备外壳和接地物件时以及爆炸危险场所除外;

在干燥场所,交流额定电压 127 V 及其以下、直流额定电压 110 V 及其以下的电力设备外壳,但爆炸危险场所除外;

安装在配电屏、控制屏和配电装置上的电气测量仪表、继电器和其他低压电器的外壳,以及当其发生绝缘损坏时,在支持物上不会引起危险电压的绝缘子金属底座;

安装在已接地的金属构架上的设备如套管等(应保证电气接触良好),但爆炸危险场所除外;

额定电压 220 V 及其以下的蓄电池室内的支架;

与已接地的机床座底之间有可靠电气接触的电动机和电器的外壳,但爆炸危险场所除外;

由工业企业区域内引出的铁路轨道。

4)低压电力网的接地

根据国际电工委员会(IEC)第 64(建筑电气装置)技术委员会(TC64)的规定,低压电力网的接地方式主要有以下几种。

低压配电系统按保护接地的形式不同分为:IT 系统、TT 系统和 TN 系统;其中 IT 系统和 TT 系统的设备外露可导电部分经各自的保护线直接接地(过去称为保护接地),TN 系统的设备外露可导电部分经公共的保护线与电源中性点直接电气连接(过去称为接零保护)。

IT 系统即在中性点不接地或经高阻抗接地。系统中将电气设备正常情况下不带电的金属部分与接地体之间做良好的金属连接。当绝缘破坏时,设备外壳带电,接地电流将同时沿接地装置和人体两条道路流过,为限制流过人体的电流,使其在安全电流以下,必须使 $R_E \ll Z_B$(人体电阻)。IT 系统适用于环境条件不良,易发生单相接地故障的场所,以及易燃、易爆的场所,如煤矿、化工厂、纺织厂等,多用于井下和对不间断供电要求较高的电气装置,如图 4.23 所示。

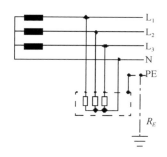

图 4.23 IT 系统图

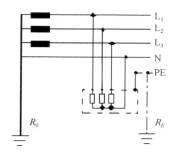

图 4.24 TT 系统

TT 系统的电气装置各有其自己的接地极,正常时装置内的可触及的导电部分为地电位,电源侧和各装置出现的故障电压不互窜。但发生接地故障时因故障回路内包含两个接地电阻,故障回路阻抗较大,通过故障电流较小,不易引起电气保护装置动作,安全性不够,故现在也较少采用。如需采用,一般需加装 RCD(剩余电流动作保护器)。目前,TT 系统广泛应用于城镇、农村居民区、工业企业和由公用变压器供电的民用建筑中。如图 4.24 所示。

TN 系统:接地故障属金属性短路,故障电流大,一般的过电流保护电器,能达到切断故障回路的要求；当电气设备发生单相碰壳时，故障电流经设备的金属外壳形成相线对保护线的单相短路，这将产生较大的短路电流，令线路上的保护装置立即动作，将故障部分迅速切除，从而保护人身安全和其他设备或线路的正常运行。

TN 系统的电源中性点直接接地，并有中性线引出。按其保护线的形式，TN 系统又分为：TN-C 系统、TN-S 和 TN-C-S 系统三种。

①TN-C 系统：因其保护线（PE）与中性线（N）合为 PEN 线，具有更简单、经济的优点，是广泛应用的系统；运行中 PEN 线不仅要通过正常负荷电流，有时尚有三次谐波电流通过，因此，在 PEN 线上产生的压降将呈现在用电设备的外壳和线路的金属套管上，当发生 PEN 线断线或对大地有短路事故时，将呈现出更高的对地故障电压，由于同一装置内 PEN 线是相通的，故此一建筑物内产生的故障电压将会沿 PEN 线窜至其他建筑物内，从而使事故范围扩大。故障电压超过安全值，不仅电击伤人，也能对地放电引起爆炸和火灾。TN-C 系统的接地的适用范围：三相负荷基本平衡的一般工业企业建筑应采用 TN-C 系统；具有爆炸、火灾危险的工业企业的建筑、矿井、医疗建筑和没有专职电工维护的普通住宅和一般民用建筑不应采用 TN-C 系统；由于 PEN 线带有电位，对供电给数据处理设备和精密电子仪器设备的配电系统不宜采用 TN-C 系统，如图 4.25 所示。

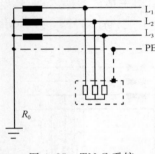

图 4.25　TN-C 系统

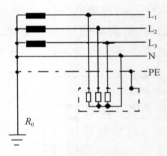

图 4.26　TN-S 系统

②TN-S 系统：该系统特点是电源变压器的中性点直接接地，可触及的导电部件与 PE 导体相连接，在全系统内 N 线和 PE 线是分开的。PE 线正常情况下不通过电流，也不带电位，它只在发生接地故障时通过故障电流。TN-S 系统是很好的低压配电系统，有利于电源系统的干扰抑制。TN-S 系统的接地的适用范围：可较安全地用于民用建筑中，也适用于供电给数据处理设备和精密电子仪器设备的配电系统。如图 4.26 所示。

③TN-C-S 系统：TN-C-S 系统是民用建筑中最常用的接地系统。通常电源线路中用 PEN 线，进入建筑物后分为 PE 线和 N 线，这种系统电路结构简单，又保证一定的安全水平，最适用于分散的民用建筑（小区建筑）。由于电源线路中的 PEN 线上有一定的电压降，该电位仍将呈现在设备金属的外壳上，由于建筑物内设有专门的 PE

线,因而消除了 TN-C 的一些不安全因素。TN-C-S 系统的接地的适用范围:适用于小区民用建筑,配电系统末端环境较差或对电磁抗干扰要求较严的场所。如图 4.27 所示。

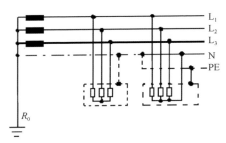

图 4.27　TN-C-S 系统

【问题 1】变电所接地网能与附近厂房的接地网及防雷接地网相连吗?

变电所的接地网允许与同一电源系统的厂房的接地网相连,它们之间应相隔 10 m 以上,以避免一个接地网出现高电位时,会蔓延到另一接地网。不允许与不同电源系统的接地网相连。当同一机组采用不同电源系统时,可采用同一接地装置。

厂房内设备的接地装置允许和厂房的防雷接地装置在地下相连,即成为联合接地装置,其接地电阻必须不大于上述两个接地装置中任意一个的接地电阻值,一般取不大于 1 Ω。

【问题 2】TN-C 系统中,防雷接地利用基础金属框架作接地极,电阻为 0.2 Ω,此金属框架能否作为 PEN 线的重复接地?

重复接地通常要求不大于 10 Ω,金属框架的接地电阻为 0.2 Ω,可以作为重复接地。防雷接地与重复接地合用一个接地极的条件是:该接地极的电阻不大于 1 Ω。由于金属框架的接地电阻为 0.2 Ω,所以防雷接地可合用同一个接地装置。

重复接地和防雷接地不能利用同一根钢筋接到基础金属框架上。若某根钢筋柱内的主钢筋作为防雷引下线,此柱内其他钢筋就不要用作重复接地的引下线,以免雷击时雷电流传至设备上,发生危险。同样,某根钢筋柱内的主钢筋用作重复接地引下线时,该柱内其他钢筋不要用作防雷引下线。

【问题 3】TT 系统中,防雷接地能否和保护接地合用一个接地极?

TT 系统中,PE 线的保护接地与电源的工作接地是分开的。某工程设计用仓库的桩基础作为防雷接地极和 PE 线的保护接地极是可以的,但不能把防雷引下线和保护接地引下线在地面上连成一体后与地下接地极相连,因为雷击时雷电流通过防雷引下线入地的同时,也会沿着防雷引下线和 PE 线的连接点,由 PE 线分流到 PE 线保护的设备上,人员触及就会遭到雷击。

PE 线的保护接地的引下线应单独和接地极相连,PE 线的引下线和防雷引下线相距越远越好,要求 10 m 以上,达到雷电流沿防雷引下线入地后,让雷电流流散到地中,就不会从 PE 线的引下线中扩散到设备外壳上。

【问题 4】低压架空线引入建筑物时,为什么要将进户杆的瓷瓶铁横担接地?

发生雷击时,雷电波往往会沿架空电线进入室内。为防止雷电流进入室内,将固定瓷瓶的铁横担接地,就使横担与导线之间形成一个放电保护间隙,其放电电压约 40 kV。

当雷电流沿架空电线侵入时,瓷瓶上发生沿面放电,将雷电流导流入地,大大降低架空电线上的电位,将高电位限制在安全范围以内。

(4)接地电阻

接地电阻是电流在流经接地部件到大地过程所感测到的接地电极的电阻。该电阻主要受土壤与接地电极表面(金属表面的氧化物)的接触电阻和靠近接地电极的大部分土壤的电阻(散流电阻)的影响。

大地是一个导体,尽管它不是一个理想导体,但是因为大地体量巨大,电荷容量非常大,因此,大地吸收自然界及人们生产活动实际发生量值的电荷后,其整体电位基本不变,因此,工程上多把大地作为零电位参考点。为了与大地保持等电位或将电荷泄放到大地,就要将相关设施与大地电气连接。由于大地不是良好的导体,要使相关设施稳定、可靠、持久地与大地保持等电位或将电荷泄放到大地,就需要相应形式的接地装置。接地装置通过与其良好接触的土壤(必要时采取降阻措施)与大地可靠电气连接。由于大地、接地装置、接地线具有电抗,所以当电荷泄放入大地时刻,大地、接地装置、接地线会产生电位差,导致人员、设施的不安全性。因此,须分析具体情况,设计合理并相对安全的接地装置、接地线。

在离电流注入点愈远的地方,土壤中的电流密度愈小,电场愈弱。从理论上讲,只有到距离电流注入点无穷远的地方,电流密度和电场才能为零。实际上,在离电流注入点 20 m 处,地电位已接近于零。在电气工程中,把接地点处的电位 U 与接地(注入)电流 I 之比定义为接地电阻,即

$$R_g = \frac{U}{I} \tag{4.13}$$

式中, R_g 为接地电阻,接地电阻是大地电阻效应的总和。从接地体向大地泄散的电流种类来看,接地电阻分为直流接地电阻、工频接地电阻和冲击接地电阻。在一般情况下,直流接地电阻与工频接地电阻无原则上区别,而工频接地电阻与冲击接地电阻则有较大的差异。在工作接地和安全接地中所涉及的是工频接地电阻,而在防雷接地中所涉及的则是冲击接地电阻。工频接地电阻是指接地装置流过工频电流时所表现的电阻值,冲击接地电阻是指接地装置流过雷电冲击电流时所表现的电阻值。

1)影响冲击接地电阻的因素

由于雷电流的幅值和等值频率都很高,接地体在泻散雷电流入地时所呈现出的

接地电阻可认为是冲击接地电阻。所谓冲击接地电阻，就是指暂态脉冲电流经接地体泻散入大地时所遇到的接地电阻。当暂态雷电流经防雷接地体泄散入地时，其散流情况要比工频（直流）情况复杂得多，造成这种复杂性的原因主要来自两种效应，即接地体的分布参数效应和火花放电效应。在实际工程中，考虑到方便实用，一般是在工频接地电阻的基础上通过引入一定的系数来确定冲击接地电阻。

2）冲击接地电阻的分布参数效应

首先，由于雷电流的等值频率高，它在大地中泄散时将引起集肤效应，使得它不能像工频电流那样可以泄透到地下深处，而只能在离地面不太深的土壤中流散。大地集肤效应的产生将在一定程度上使接地体的冲击接地电阻增大，如图 4.28 所示。

另外，由电工理论可知，当电路元件的尺寸与工作信号的波长之间达到可比的程度时，它将显示出明显的分布参数特征。从防雷接地的角度来看，流经接地体的暂态雷电流波头陡度是很大的，相应的等值频率很高，严格地说，在雷电流作用下，接地体不仅具有电阻和电导参数，而且还具有电感和电容参数，这些参数不再像工频接地电阻那样是集总的，而是沿接地体分布着的。雷电流在接地体上流动时，不仅要受到分布电阻和电导的作用，而且还要受到分布电感和电容的作用，这一流动过程实质是一个波过程，接地体的分布电阻、电导、电感和电容

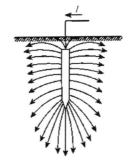

图 4.28　地中电流的泄散图

将对这一流动波过程呈现为波阻抗，而不再是一个集总的接地电阻。接地体越长或接地网尺寸越大，且雷电流波头陡度越高时，接地体或接地网的分布参数效应就越明显。反之，接地体或接地网的分布参数效应就不明显。在防雷接地的分析与计算中，对于一些不长的单个接地体以及对于一些尺寸不大的组合接地体，由于它们在雷电流作用下表现出的波过程特征并不十分明显，为了避免复杂的波过程计算，工程上仍是忽略它们的分布参数效应，而近似用集总的冲击电阻来表征它们对雷电流的散流特性，但必须指出，对于单个长接地体和尺寸大的组合接地体，需要计算其分布参数效应，否则将会造成不允许的误差。

3）土壤放电效应

由于雷电流幅值很高，当接地体传导雷电流泄散入地时，接地体附近土壤中的电场强度也是比较大的，当场强超过土壤的击穿强度时，土壤就会产生放电击穿现象。研究表明，当接地体附近的土壤发生放电击穿后，在接地体周围大致可以分为四个区域，即电弧区、火花区、半导体区和恒定电导区，如图 4.29 所示。出于土壤在雷电流作用下发生放电击穿，使得接地体附近的放电击穿土壤失去原先的电阻率，其导电性能明显增强，这实质上就等值为接地体的半径或其截面的增大。当接地体传导的雷电流增大时，火花区外缘界面将向外扩展，相应地，接地体的等值半径或截面将增大，

其冲击电阻将减小。由此可知,冲击接地电阻将不再像工频接地电阻那样是个常数,而是一个随其传导雷电流大小而变化的可变值。

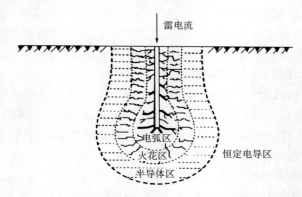

图 4.29　接地体周围土壤中的不同区域

当雷电流经接地体泄散入地时,接地体的分布参数效应与土壤的放电效应将同时起作用,但二者的作用效果是不同的。通过大量的试验发现,在绝大多数情况下,接地体的分布参数效应对接地电阻的影响要弱于土壤的放电效应的影响,因此,接地体的冲击接地电阻小于其工频接地电阻。然而在高电阻土壤中的伸长接地体和传导短波头(波头陡度很大)雷电流的较长接地体等少数特殊情况下,分布参数效应可能会强于放电效应,从而使得这些接地体的冲击电阻会大于其工频接地电阻,甚至可能会远大于其工频接地电阻。

4)接地装置结构分析

现代的建筑物,往往在一座建筑物内有很多不同性质的电气设备,需要多个接地装置,如防雷接地、电气安全接地、交流电源工作接地、通信及计算机系统接地等,这么多系统的接地到底采用共用接地系统好还是每个系统独立接地好呢?

图 4.30 表示各种接地形式,图中的小圈"○"为需要接地的装置或设备,图 4.30 为每个需要接地的装置或设备都设独立接地装置,图 4.31 为所有需要接地的装置或设备共同合用一组接地装置。

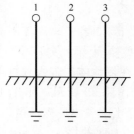

图 4.30　独立接地

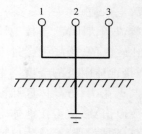

图 4.31　共用接地

　　所谓独立接地是指上面所谈的需要接地的系统分别独立地建立接地网,在 20 世纪 70 年代以前比较多用。它的好处是各系统之间不会互相干扰,这点对通信系统尤为重要,但近年发现这种独立接地的方式在计算机通信网络和有线电视网络中特别容易被雷击。故除在特别危险的有防爆要求的环境必须要采用独立接闪杆(线、网)的地方外,一般不主张采用独立接地而以共用接地方式取代。

　　图 4.31 中采用的方式叫共用接地,或叫统一接地。它是把需接地的各系统统一接到一个地网上,或者把各系统原来的接地网在地下或地上用金属连接起来,使它们之间成为电气互通的统一接地网。

　　独立接地网存在什么问题呢? 它为什么会被共同接地网取代呢? 因为各通信系统和交流电源系统的接地是为了获得一个零电位点,如果各系统分别接地,当发生雷击的时候各系统的接地点的电位可能相差很大。如图 4.30 中的 1,2,3 三个接地网之间瞬间电位差大,假定其中"1"为交流电源工作接地,"2"为计算机逻辑接地,"3"为机壳安全保护接地。又假定雷电冲击波从其中一条路"1"即交流电源送进来,由于雷电波的瞬时过电压往往是几千伏乃至上万伏,那么在向一台电子计算机电路板上分别与电源、通信或和外壳相连的各部分就承担各地网之间的高电压而被击穿。对于微机网络而言,一般是调制解调器和网卡首先被击穿。据了解,在计算机网络中,电源地、逻辑地、安全保护地和防雷地各自独立的系统,被雷击损坏的概率远远高于共用接地系统。其次,在一座楼房要分别作几个互相没有电气联系的地网是很困难的,尤其是在现代的大城市更是如此。如果采用共用接地,雷电流在冲击接地电阻上产生的高电压,将同时存在各系统的接地线上,如图 4.31 中各系统接地线之间不存在上面讲到的高电位差,也不存在同一台设备的各接地系统之间的击穿问题。

　　(5)接地体设置的基本要求

　　由于接地体的结构不同,其设置方式也是不同的,这里仅就一些共性的问题来阐述设置接地体的基本要求。

　　1)接地体的埋设地点应选择在土壤电阻率低的地方。由于接地体的接地电阻在很大程度上取决于土壤的电阻率,为了达到所要求的电阻值,将接地体埋设在土壤电阻率低的地方(如潮湿土壤)是比较容易满足对接地电阻值要求的。

　　应尽量避免在烟囱附近埋设接地体,因为这些地方的土壤较为干燥,其电阻率较高。同时也应避免在含有化学腐蚀性物质的地方埋接地体,如果因实际条件限制,难以避开这些地方时,则需要适当加大接地体的截面和接地体连线的截面,并加厚防腐用的镀锌层,各连接焊接点上一般应刷上防腐材料,以提高接地体的防腐蚀能力。

　　2)接地体的埋设要注意安全问题。接地体应尽量埋设在人走不到的地方,以免其产生的跨步电压危害人身。同时也要注意使接地体与周围的金属体或电器线路之间保持一定的距离,当相互间距离不够时,须把它们连成电气通路,即做等电位联结,以避免它们之间发生反击。

3)应保证接地系统结构中各部分之间具有良好的电气导通性。在接地系统中的所有连接处,一般均应采用电焊或气焊施工,不能采用锡焊。当受条件限制不能焊接时,应采用铆接、螺接,连接处的接触面积应在 $10cm^2$ 以上。

4)接地体的埋设应具有合适的深度。从接地系统的施工与运行经验来看,其埋设的深度一般不应小于 $0.5\sim0.8m$,但如果地表层土壤电阻率较大,而深层土壤电阻率较小时,可以考虑接地体埋在较深层。

5)应注意减小接地体的接触电阻。在埋没接地体时,必须将接地体周围的填土夯实,而不得回填碎砖、石子、焦渣和炉灰之类的杂物,以切实减小接地体的接触电阻,改善接地体的散流功能。

(6)接地体的利用

接地装置可使用自然接地体和人工接地体。在设计时,应首先充分利用自然接地体。

1)自然接地体的利用

可作为自然接地体的有:建(构)筑物的钢结构和构造钢筋、上下水的金属管道和其他工业用的金属管道以及敷设于地下且数量不少于 2 根的电缆的金属外皮等。

在新建的大、中型建筑物中,都利用建筑物的构造钢筋作为自然接地体。它们不但耐用、节省投资,而且电气性能良好(接地电阻小、阻抗低、电位分布均匀等)。

2)人工接地体

如图 4.32 所示,人工接地体有两种基本形式:垂直接地体和水平接地体。垂直接地体多采用截面为 40 mm×4 mm,长度为 2500 mm 的镀锌角钢;水平接地体多采用截面为 40 mm×4 mm 的镀锌扁钢。

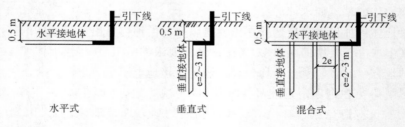

图 4.32　人工接地体

3)各类接地构件的材料特点和要求

①垂直接地体,宜采用镀锌圆钢、镀锌钢管、镀锌角钢等;水平埋设接地宜采用镀锌扁钢、镀锌圆钢等。

②接地体应镀锌,焊接处应涂防腐漆。在腐蚀性较高的土壤中,还应适当加大其

截面或采用其他的防腐措施。

③垂直接地体的长度一般为 2.5 m,为了减少相邻接地体的屏蔽效应,垂直接地体间的距离及水平接地间的距离一般为 5 m,当受地方的限制时可适当减小。

④接地体埋置深度不宜小于 0.6 m,接地体应远离由于高温影响(如烟道等)使土壤电阻率升高的地方。

⑤当防雷装置引下线在两根及其以上时,每根引下线的冲击接地电阻,均应满足有关规定对各防雷建筑物所规定的防直击雷装置的冲击接地电阻值。

⑥对伸长形接地体,在计算接地电阻时,接地体的有效长度(从接地体与引下线的连接点算起)应按式(4.14)计算:

$$L_e = 2\sqrt{\rho} \tag{4.14}$$

式中,L_e 为有效长度(m);ρ 为接地体周围介质的土壤电阻率(Ω·m)。

(7)各类接地体的设计要求

1)交流电力设备应充分利用自然接地体接地。

2)利用自然接地体和外引接地装置时,应用不少于两根导体在不同地点与人工接地体相连接,但对电力线路除外。

3)直流电力回路中,不应利用自然接地体作为电流回路的零线、接地线或接地体,直流电力回路专用的中性线、接地体以及接地线不应与自然接地体连接。

4)自然接地体的接地电阻值符合要求时,一般不敷设人工接地体,但发电厂、变电所和有爆炸危险场所除外。当自然接地体在运行时连接不可靠以及阻抗较大不能满足接地要求时,应采用人工接地体。

5)当利用自然、人工两种接地体时,应设置将自然接地体与人工接地体分开的测量点。

6)人工接地体水平敷设时一般用扁钢或圆钢,垂直敷设时一般用角钢或钢管。

4.3.2 技术评价涉及的相关图纸

建筑:建筑防火专篇。

电气:电气说明、屋顶防雷平面图、接地平面图。

4.3.3 审阅内容

接地装置的审阅内容包括接地装置的材料规格、敷设方式、连接方式等。

(1)材质、规格

1)接地体的材料、结构和最小截面应符合表 4.2 的规定。

表 4.2 接地体的材料、结构和最小尺寸

材料	结构	最小尺寸			备注
		垂直接地体直径（mm）	水平接地体（mm²）	接地板（mm）	
铜、镀锡铜	铜绞线	—	50	—	每股直径 1.7 mm
	单根圆铜	15	50	—	
	单根扁铜	—	50	—	厚度 2 mm
	铜管	20	—	—	壁厚 2 mm
	整块铜板	—	—	500×500	厚度 2 mm
	网格铜板	—	—	600×600	各网格边截面 25 mm×2 mm，网格网边总长度不少于 4.8 m
热镀锌钢	圆钢	14	78	—	
	钢管	20	—	—	壁厚 2 mm
	扁钢	—	90	—	厚度 3 mm
	钢板	—	—	500×500	厚度 3 mm
	网格钢板	—	—	600×600	各网格边截面 30 mm×3 mm，网格网边总长度不少于 4.8 m
	型钢	注 3	—	—	—
裸钢	钢绞线	—	70	—	每股直径 1.7 mm
	圆钢	—	78	—	—
	扁钢	—	75	—	厚度 3 mm
外表面镀铜的钢	圆钢	14	50	—	镀铜厚度至少 250 μm，铜纯度 99.9%
	扁钢	—	90（厚 3 mm）	—	
不锈钢	圆形导体	15	78	—	—
	扁形导体	—	100	—	厚度 2 mm

注 1：热镀锌钢的镀锌层应光滑连贯、无焊剂斑点，镀锌层圆钢至少 22.7 g/m²、扁钢至少 32.4 g/m²；

注 2：热镀锌之前螺纹应先加工好；

注 3：不同截面的型钢，其截面不小于 290 mm²，最小厚度 3 mm，可采用 50 mm×50 mm×3 mm 角钢。

注 4：当完全埋在混凝土中时才可采用裸钢；

注 5：外表面镀铜的钢，铜应与钢结合良好；

注 6：不锈钢中，铬的含量等于或大于 16%，镍的含量等于或大于 5%，钼的含量等于或大于 2%，碳的含量等于或小于 0.08%；

注 7：截面积允许误差为−3%。

2）利用建筑构件内钢筋作接地装置应符合如下规定

①第二类防雷建筑物

（a）当基础采用硅酸盐水泥和周围土壤的含水量不低于 4% 及基础的外表面无防腐层或有沥青质防腐层时，宜利用基础内的钢筋作为接地装置。当基础的外表面有其他类的防腐层且无桩基可利用时，宜在基础防腐层下面的混凝土垫层内敷设人

工环形基础接地体。

(b)利用基础内钢筋网作为接地体时,在周围地面以下距地面不应小于 0.5 m,每根引下线所连接的钢筋表面积总和应按下式计算:

$$S \geqslant 4.24k_c^2 \tag{4.15}$$

式中,S 为钢筋表面积总和(m²);k_c 为分流系数,其值按本《建筑物防雷设计规范:GB 50057—2010》附录 E 的规定取值。

(c)当在建筑物周边的无钢筋的闭合条形混凝土基础内敷设人工基础接地体时,接地体的规格尺寸应按表4.3 的规定确定。

表 4.3　第二类防雷建筑物环形人工基础接地体的最小规格尺寸

闭合条形基础的周长(m)	扁钢(mm)	圆钢,根数×直径(mm)
≥60	4×25	2×ø10
40～60	4×50	4×ø10 或 3×ø12
<40	钢材表面积总和≥4.24m²	

注 1:当长度相同、截面相同时,宜选用扁钢;

注 2:采用多根圆钢时,其敷设净距不小于直径的 2 倍;

注 3:利用闭合条形基础内的钢筋作接地体时可按本表校验,除主筋外,可计入箍筋的表面积。

②第三类防雷建筑物

(a)利用基础内钢筋网作为接地体时,在周围地面以下距地面不小于 0.5m 深,每根引下线所连接的钢筋表面积总和应按下式计算:

$$S \geqslant 1.89k_c^2 \tag{4.16}$$

(b)当在建筑物周边的无钢筋的闭合条形混凝土基础内敷设人工基础接地体时,接地体的规格尺寸应按表4.4 的规定确定。

表 4.4　第三类防雷建筑物环形人工基础接地体的最小规格尺寸

闭合条形基础的周长(m)	扁钢(mm)	圆钢,根数×直径(mm)
≥60	—	1×ø10
40～60	4×20	2×ø8
<40	钢材表面积总和≥1.89m²	

注 1:当长度相同、截面相同时,宜选用扁钢;

注 2:采用多根圆钢时,其敷设净距不小于直径的 2 倍;

注 3:利用闭合条形基础内的钢筋作接地体时可按本表校验,除主筋外,可计入箍筋的表面积。

(2)接地电阻的要求

接地电阻的要求见表 4.5。

表 4.5　接地电阻值的要求

接地电阻	第一类防雷建筑物			第二、三类防雷建筑物
	独立接闪器		非独立接闪器	独立/非独立接闪器
	一般规定	土壤电阻率高的地区	环形接地体	土壤电阻率不大于 3000 Ω·m 时,符合一定规定时[3]
每一引下线的冲击接地电阻	不大于 10 Ω	可适当增大,但 3000 Ω·m 以下地区不应大于 30 Ω	不大于 10 Ω	不做要求
共用接地系统	一般规定	户外型电涌保护器、电缆金属外、钢管、绝缘子铁脚、金具等连在一起;架空金属管道入户处	一般规定	一般规定
	不大于 10 Ω[1]	不大于 30 Ω	按 50 Hz 电气装置的规定,不大于人身安全所确定的值[2]	按 50 Hz 电气装置的规定,不大于人身安全所确定的值[2]　电子信息系统防雷接地与交流工作接地、直流工作接地、安全保护接地共用一组接地装置时,接地装置的接地电阻值必须按接入设备中要求的最小值确定

注 1:防闪电感应的接地装置应与电气和电子系统的接地装置共用,其工频接地电阻不宜大于 10 Ω;

注 2:电气、电子设备接地电阻值除另有规定外,一般不宜大于 4 Ω;

注 3:共用接地装置的接地电阻应按 50 Hz 电气装置的接地电阻确定,不应大于按人身安全所确定的接地电阻值。

4.3.4　常见技术问题及解决方法

(1)接地电阻阻值的设计

一般二、三类防雷建筑物如无特殊要求应采用共用接地装置,共用接地装置的接地电阻应按 50 Hz 电气装置的规定,不大于人身安全所确定的值,一般取不大于 4 Ω;如有电子信息系统,防雷接地与交流工作接地、直流工作接地、安全保护接地共用一组接地装置时,接地装置的接地电阻值必须按接入设备中要求的最小值确定。

(2)接地装置的设计

1)接地装置应优先利用建筑物的自然接地体,当自然接地体的接地电阻达不到要求时应增加人工接地体。

2)机房设备接地线不应从接闪带、铁塔、防雷引下线直接引入。

3)新建建筑物的电子信息系统在设计、施工时,宜在各楼层、机房内墙结构主钢筋处预留接地端子。

4.4　等电位连接

等电位连接是指将具有相同对地电位的各个可导电部分做电气连接。当雷电击于建筑物的防雷装置时,雷电流在防雷接地装置上会产生暂态电位抬高,防雷装置中各部位暂态电位的升高可能会形成相对其周围金属物危险的电位差,发生反击,损坏设备。在许多情况下,为了节省室内空间,电子系统中各个设备的布置往往是相当紧凑的,设备之间难以隔开足够的距离,当一个设备遭到雷电反击时,又有可能向它附近的设备继续反击,使得设备的损坏连锁式反应。为了避免这种有危害的电位差的产生,需要采取等电位连接措施来均衡电压。将各防雷区的金属和系统以及在一个防雷区内部的金属物和系统,在界面处做等电位连接,建立一个三维的连接网络,即为防雷等电位连接。

等电位连接有总等电位连接(MEB)、局部等电位连接(LEB)和辅助等电位连接(SEB)。

4.4.1　技术评价涉及的相关图纸

电气:电气说明、屋顶防雷平面图、照明平面图、动力平面图。

4.4.2　审阅内容

(1)所有与建筑物组合在一起的大尺寸金属件都应等电位连接在一起,并应与防雷装置相连。但第一类防雷建筑物的独立接闪器及其接地装置除外。

(2)在需要保护的空间内,采用屏蔽电缆时其屏蔽层应至少在两端,并宜在防雷区交界处做等电位连接,系统要求只在一端做等电位连接时,应采用两层屏蔽或穿钢管敷设,外层屏蔽或钢管应至少在两端,并宜在防雷区交界处做等电位连接。

(3)分开的建筑物之间的连接线路,若无屏蔽层,线路应敷设在金属管、金属格栅或钢筋成格栅形的混凝土管道内。金属管、金属格栅或钢筋格栅从一端到另一端应是导电贯通,并应在两端分别连到建筑物的等电位连接带上;若有屏蔽层,屏蔽层的两端应连到建筑物的等电位连接带上。

(4)对由金属物、金属框架或钢筋混凝土钢筋等自然构件构成建筑物或房间的格栅形大空间屏蔽,应将穿入大空间屏蔽的导电金属物就近与其做等电位连接。

（5）当互相邻近的建筑物之间有电气和电子系统的线路连通时，宜将其接地装置互相连接，可通过接地线、PE 线、屏蔽层、穿线钢管、电缆沟的钢筋、金属管道等连接。

（6）穿过各防雷区界面的金属物和建筑物内系统，以及在一个防雷区内部的金属物和建筑物内系统，均应在界面处附近做符合下列要求的等电位连接

所有进入建筑物的外来导电物均应在 LPZ0$_A$ 或 LPZ0$_B$ 与 LPZ1 区的界面处做等电位连接。当外来导电物、电气和电子系统的线路在不同地点进入建筑物时，宜设若干等电位连接带，并应将其就近连到环形接地体、内部环形导体或在电气上是贯通的并连通到接地体或基础接地体的钢筋上。环形接地体和内部环形导体应连到钢筋或金属立面等其他屏蔽构件上，宜每隔 5 m 连接一次；各后续防雷区界面处的等电位连接也应采用本条上述的规定。穿过防雷区界面的所有导电物、电气和电子系统的线路均应在界面处做等电位连接。宜采用一局部等电位连接带做等电位连接，各种屏蔽结构或设备外壳等其他局部金属物也连到局部等电位连接带。

对各类防雷建筑物，各种连接导体和等电位连接带的截面不应小于表 4.6 的规定。

表 4.6　防雷装置各连接部件的最小截面

等电位连接部件			材料	截面（mm^2）
等电位连接带（铜、外表面镀铜的钢或热镀锌钢）			Cu（铜）、Fe（铁）	50
从等电位连接带至接地装置或各等电位连接带之间的连接导体			Cu（铜）	16
			Al（铝）	25
			Fe（铁）	50
从屋内金属装置至等电位连接带的连接导体			Cu（铜）	6
			Al（铝）	10
			Fe（铁）	16
连接电涌保护器的导体	电气系统	Ⅰ级试验的电涌保护器	Cu（铜）	6
		Ⅱ级试验的电涌保护器		2.5
		Ⅲ级试验的电涌保护器		1.5
	电子系统	D1 类电涌保护器		1.2
		其他类的电涌保护器（连接导体的截面可小于 1.2 mm^2）		根据具体情况确定

（7）电子信息系统等电位连接的要求

1）机房电子信息设备应作等电位连接。等电位连接的结构形式应采用 S 型、M 型或它们的组合（图 4.33）。电气和电子设备的金属外壳、机柜、机架、金属管、槽、屏蔽线缆金属外壳、电子设备防静电接地、安全保护接地、功能性接地、浪涌保护器接地端等均应以最短的距离与 S 型结构的接地基准点或 M 型结构的网络连接。机房等

电位连接网络应与共用接地系统连接。

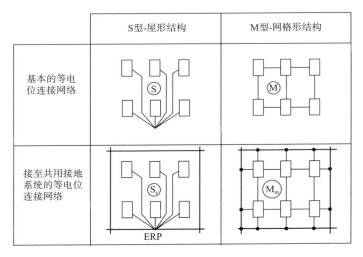

图 4.33　电子信息系统等电位连接网络的基本方法

━━━━━━共用接地系统；━━━━━━等电位连接导体

▢设备；●等电位连接网络的连接点

ERP 接地基准点；S_s 单点等电位连接的星形结构

M_m 网状等电位连接的网络形结构

　　S 型结构一般宜用于电子信息设备相对较少（面积 100 m² 以下）的机房或局部的系统中,适用于 1 MHz 以下低频率电子信息系统的功能性接地。如消防、建筑设备监控系统、扩声等系统。当采用 S 型结构局部等电位连接网络时,电子信息设备所有的金属导体,如机柜、机箱和机架应与共用接地系统独立,仅通过作为接地参考点（EPR）的唯一等电位连接母排与共用接地系统连接,形成 S_s 型单点等电位连接的星形结构。采用星形结构时,单个设备的所有连线应与等电位连接导体平行,避免形成感应回路。

　　采用 M 型网络形结构时,机房内电气、电子信息设备等所有的金属导体、如机柜、机箱和机架不应与接地系统独立,应通过多个等电位连接点与接地系统连接,形成 M_m 型网状等电位连接的网络形结构。当电子信息系统分布于较大区域,设备之间有许多线路,并且通过多点进入该系统内时,适合采用网络形结构,网格大小宜为 0.6～3 m。适用于频率达 1 MHz 以上电子信息系统的功能性接地。每台电子信息设备宜用两根不同长度的连接导体与等电位连接网络连接,两根不同长度的连接导体应避开或远离干扰频率的 1/4 波长或奇数倍,同时要为高频干扰信号提供一个低阻抗的泄放通道。否则,连接导体的阻抗增大或为无穷大,不能起到等电位连接与接地的作用。

2)在 LPZ0$_A$ 或 LPZ0$_B$ 区与 LPZ1 区交界处应设置总等电位接地端子板,总等电位接地端子板与接地装置的连接不应少于两处;每层楼宜设置楼层等电位接地端子板;电子信息系统设备机房应设置局部等电位接地端子板。各类等电位接地端子板之间连接导体宜采用多股铜芯导线或铜带,连接导体最小截面积应符合表 4.7 的规定。各类等电位接地端子板宜采用铜带,其导体最小截面积应符合表 4.7 的规定。

表 4.7　各类等电位连接导体最小截面积

名称	材料	最小截面积(mm²)
垂直接地干线	多股铜芯导线或铜带	50
楼层端子板与机房局部端子板之间的连接导体	多股铜芯导线或铜带	25
机房局部端子板之间的连接导体	多股铜芯导线	16
设备机房等电位连接网络之间的连接导体	多股铜芯导线	6
机房网络	铜箔或多股铜芯导体	25

3)等电位连接网络应利用建筑物内部或其上的金属部件多重互连,组成网络状低阻抗等电位连接网络,并与接地装置构成一个接地系统(图 4.34)。电子信息设备机房的等电位连接网络可直接利用机房内墙结构柱主钢筋引出预留接地端子接地。

4)某些特殊重要的建筑物电子信息系统可设专用垂直接地干线。垂直接地干线由总等电位接地端子板引出,同时与建筑物各层钢筋或均压带连通。各楼层设置的接地端子板应与垂直接地干线连接。垂直接地干线宜在竖井内敷设,通过连接导体引入设备机房与局部等电位接地端子板连接。音、视频等专用设备工艺接地干线应通过专用等电位接地端子板独立引至设备机房。

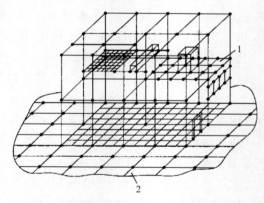

图 4.34　由等电位连接网络与接地装置组合构成的三维接地系统示例
1—等电位连接网络;2—接地装置

4.5　屏蔽

微电子设备对电磁干扰很敏感,对雷电暂态电涌过电压的耐受能力很差,在发生雷击时,由雷电流产生的雷电暂态过电压沿各种线路、金属管道直接进入建筑物内电子信息系统,雷电流产生的脉冲电磁场还会从空中直接辐射进入建筑物内电子信息系统,为了保护电子信息系统免受雷电暂态过电压和雷电脉冲电场的侵害,需要用金属板或金属网把电子信息系统包围起来,拦截和衰减施加在电子信息系统上的雷电脉冲,保护电子信息系统不被雷电损坏,这就是人们常说的屏蔽。屏蔽是减少电磁干扰的基本措施。

在现代防雷工程设计中常用的屏蔽方法有建筑物屏蔽、设备屏蔽和线路屏蔽三种屏蔽方法。

4.5.1　技术评价涉及的相关图纸

电气:电气说明。

4.5.2　审阅内容

为减小雷电电磁脉冲在电子信息系统内产生的浪涌,宜采用建筑物屏蔽、机房屏蔽、设备屏蔽、线缆屏蔽和线缆合理布线措施,这些措施应综合使用。

(1)建筑物的屏蔽宜利用建筑物的金属框架、混凝土中的钢筋、金属墙面、金属屋顶等自然金属部件与防雷装置连接构成格栅型大空间屏蔽;

(2)当建筑物自然金属部件构成的大空间屏蔽不能满足机房内电子信息系统电磁环境要求时,应增加机房屏蔽措施;

(3)电子信息系统设备主机房宜选择在建筑物低层中心部位,其设备应配置在LPZ1 区之后的后续防雷区内,并与相应的雷电防护区屏蔽体及结构柱留有一定的安全距离。

(4)屏蔽效果及安全距离可按如下方法确定

1)闪电击于建筑物以外附近时,磁场强度应按下列方法计算。

当建筑物和房间无屏蔽时所产生的无衰减磁场强度,相当于处于 LPZ0$_A$ 和 LPZ0$_B$ 区内的磁场强度,应按下式计算:

$$H_0 = i_0/(2\pi S_a) \tag{4.17}$$

式中,H_0 为无屏蔽时产生的无衰减磁场强度(A/m);i_0 为最大雷电流(A),按表4.8、表 4.9 和表 4.10 的规定取值;S_a 为雷击点与屏蔽空间之间的平均距离(m)(图

4.35),按式(4.18)或式(4.19)计算。

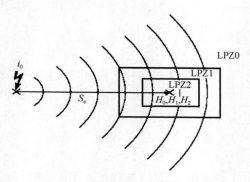

图 4.35　雷击点至屏蔽空间的距离

当 $H < R$ 时：

$$S_a = \sqrt{H(2R - H)} + L/2 \tag{4.18}$$

当 $H \geqslant R$ 时：

$$S_a = R + L/2 \tag{4.19}$$

式中，H 为建筑物高度(m)；L 为建筑物长度(m)；R 为滚球半径(m)。

根据具体情况建筑物长度可用宽度代入。对所取最小平均距离小于式(4.18)或式(4.19)计算值的情况，闪电将直接击在建筑物上。

表 4.8　首次正极性雷击的雷电流参量

雷电流参数	防雷建筑物类别		
	一类	二类	三类
幅值 I(kA)	200	150	100
波头时间 T_1(μs)	10	10	10
半值时间 T_2(μs)	350	350	350
电荷量 Q_s(C)	100	75	50
单位能量 W/R(MJ/Ω)	10	5.6	2.5

表 4.9　首次负极性雷击的雷电流参量

雷电流参数	防雷建筑物类别		
	一类	二类	三类
幅值 I(kA)	100	75	50
波头时间 T_1(μs)	1	1	1
半值时间 T_2(μs)	200	200	200
平均陡度 I/T_1(kA/μs)	100	75	50

注：本波形仅供计算用，不供做试验用。

表 4.10　首次负极性以后雷击的雷电流参量

雷电流参数	防雷建筑物类别		
	一类	二类	三类
幅值 I(kA)	50	37.5	250
波头时间 T_1(μs)	0.25	0.25	0.25
半值时间 T_2(μs)	100	100	100
平均陡度 I/T_1(kA/μs)	200	150	100

当建筑物或房间有屏蔽时,在格栅大空间屏蔽内,即在 LPZ1 区内的磁场强度,应按下式计算:

$$H_1 = H_0/10^{SF/20} \tag{4.20}$$

式中,SF 为按表 4.11 计算的屏蔽系数(dB)。

表 4.11　格栅形大空间屏蔽的屏蔽系数

材料	SF(dB)	
	25 kHz[①]	1 MHz[②] 或 250 kHz
铜/铝	$20\times\lg(8.5/\omega)$	$20\times\lg(8.5/\omega)$
钢[③]	$20\times\lg\left[\left(\dfrac{8.5}{\omega}\right)\Big/\sqrt{1+18\times10^{-6}/r^2}\right]$	$20\times\lg(8.5/\omega)$

注①:适用于首次雷击的磁场;

注②:1 MHz 适用于后续雷击的磁场,250 kHz 适用于首次负级性雷击的磁场;

注③:相对磁导系数 $\mu_r\approx200$;

注:ω 为格栅形屏蔽的网格宽度(m);r 为格栅形屏蔽网格导体的半径(m);当计算式得出的值为负数时取 $SF=0$;若建筑物具有网格形等电位连接网格,SF 可增加 6 dB。

表 4.11 的计算值应仅对在各 LPZ 区内距屏蔽层有一安全距离的安全空间内才有效,安全距离应按下列公式计算:

当 $SF\geqslant10$ 时:

$$d_{s/1} = \omega^{SF/10} \tag{4.21}$$

当 $SF<10$ 时:

$$d_{s/1} = \omega \tag{4.22}$$

式中:$d_{s/1}$ 为安全距离(m);ω 为格栅形屏蔽的网格宽度(m);SF 为按表 4.11 计算的屏蔽系数(dB)。

2)在闪电直接击在位于 LPZ0$_A$ 区的格栅形大空间屏蔽或与其连接的接闪器上的情况下,其内部 LPZ1 区内安全空间内某点的磁场强度应按下式计算(图 4.36):

$$H_1 = k_H \cdot i_0 \cdot \omega/(d_w \cdot \sqrt{d_r}) \tag{4.23}$$

式中,H_1 为安全空间内某点的磁场强度(A/m);d_r 为所确定的点距 LPZ1 区屏蔽顶的最短距离(m);d_w 为所确定的点距 LPZ1 区屏蔽壁的最短距离(m);k_H 为形状系数$(1/\sqrt{m})$，取 $k_H = 0.01(1/\sqrt{m})$；ω 为 LPZ1 区格栅形屏蔽的网格宽度(m)。

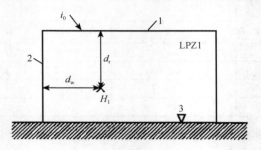

图 4.36　闪电直接击于屋顶接闪器时 LPZ1 区内的磁场强度

1—屋顶；　2—墙；　3—地面

式(4.23)的计算值仅对距屏蔽格栅有一安全距离的安全空间内有效,安全距离应按下列公式计算,电子系统应仅安装在安全空间内:

当 $SF \geqslant 10$ 时: $$d_{s/2} = \omega \cdot SF/10 \tag{4.24}$$

当 $SF < 10$ 时: $$d_{s/2} = \omega \tag{4.25}$$

式中,$d_{s/2}$ 为安全距离(m)。

LPZ$n+1$ 区内的磁场强度可按下式计算:

$$H_{n+1} = H_n/10^{SF/20} \tag{4.26}$$

式中,H_n 为 LPZn 区内的磁场强度（A/m）；H_{n+1} 为 LPZ$n+1$ 区内的磁场强度(A/m);SF 为 LPZ$n+1$ 区屏蔽的屏蔽系数。

安全距离应按式(4.24)或式(4.25)计算。

当(4.26)式中的 LPZn 区内的磁场强度为 LPZ1 区内的磁场强度时,LPZ1 区内的磁场强度按以下方法确定。

闪电击在 LPZ1 区附近的情况,应按式(4.24)和式(4.25)确定。

闪电直接击在 LPZ1 区大空间屏蔽上的情况,应按式(4.26)确定,但式中所确定的点距 LPZ1 区屏蔽顶的最短距离和距 LPZ1 区屏蔽壁的最短距离应按图 4.37 确定。

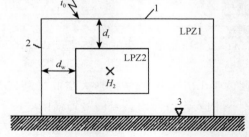

图 4.37　LPZ2 等后续防护区内部任意点的磁场强度的估算

1—屋顶；　2—墙；　3—地面

4.6　电涌保护器(SPD)

4.6.1　电涌保护器基础知识

(1)电涌保护器定义

电涌保护器(surge protection device,SPD)是用于限制瞬态过电压和泄放电涌电流的电器产品,它至少包含一非线性的元件。电涌保护器并联或串联安装在被保护设备端,通过泄放电涌电流、限制电涌电压来保护电子设备。

(2)电涌保护器 SPD 的分类

SPD 可按几种不同方法进行分类:

1)按使用非线性元件的特性分类:(设计电路拓扑)

电压开关型 SPD:没有浪涌时具有高阻抗,当冲击电压达到一定值时(即达到火花放电电压),立即转变成低阻抗的 SPD。常用的元件有放电间隙,气体放电管、闸流管(硅可控整流器)和三端双向可控硅开关元件。这类 SPD 有时也称作短路型 SPD。开关型 SPD 具有大通流容量(标称通流电流和最大通流电流)的特点,特别适用于易遭受直接雷击部位的雷电过电压保护,即 $LPZ0_A$——直击雷非防护区,有时可称雷击电流放电器。

电压限制型 SPD:没有浪涌时具有高阻抗,随着电涌电流和电压的上升,其阻抗持续地减小的 SPD。常用的非线性元件有压敏电阻,瞬态抑制二极管等。这类 SPD 又称箝位型 SPD,是大量常用的过电压保护器,一般适用于户内,即 IEC 规定的直击雷防护区($LPZ0_B$)、第一屏蔽防护区(LPZ1)、第二屏蔽防护区(LPZ2)的雷电过电压防护。IEC 标准要求将它们安装在各雷电防护区的交界处。

组合型 SPD:由电压开关型元件和电压限制型元件组成的 SPD。随着施加的冲击电压特性不同,可表现为电压开关型、电压限制型或同时呈现两种特性。

2)按 SPD 的端口类型分类:

根据在不同系统中使用的需求,SPD 生产商厂可以把 SPD 制造成一端口或两端口的形式。

一端口(又称单口)SPD,与被保护电路并联。一端口 SPD 可能有隔开的输入端及输出端,在这些端子之间没有特殊的串联阻抗。

两端口(又称双口)SPD:具有两组输入和输出接线端子的 SPD,一般与被保护电路串联连接,或使用接线柱连接,在这些端子之间有特殊的串联阻抗。

3）按使用的性质分类：

由于雷电过电压和操作过电压可能沿供（配）电线路侵入，雷电过电压可能沿信号线（含电话线）或天馈线侵入，因此安装在不同的系统中的 SPD 必须满足不同系统的特殊要求。这样，又可按使用性质将 SPD 分为：电源系统 SPD、信号系统 SPD 和天馈系统 SPD。

此外，还可以按安装的环境（位置）分为室内用或户外用；按可接触性分为可接触或不可接触；按安装方式分为固定式或卡接可移式等。

（3）表征 SPD 性能的主要技术参数

1）保护模式，SPD 可连接在 L（相线）、N（中性线）、PE（保护线）间，如 L-L、L-N、L-PE、N-PE，这些连接方式称为保护模式，它们与供电系统的接地方式有关。

2）额定电压 U_n，是制造厂商对 SPD 规定的电压值。在低压配电系统中运行电压（标称电压）有 $220V_{AC}$、$380V_{AC}$ 等，指的是相对地的电压值也称为供电系统的额定电压，在正常运行条件下，在供电终端电压波动值不应超过 $\pm 10\%$，这些是制造商在规定 U_n 值时需考虑的。

在 IEC 60664—1 中定义了实际工作电压（working voltage）：在额定电压下，可能产生（局部地）在设备的任何绝缘两端的最高交流电压有效值或最高直流电压值（不考虑瞬态现象）。

3）最大连续工作电压 U_c，指能持续加在 SPD 各种保护模式间的电压有效值（直流和交流）。U_c 不应低于低压线路中可能出现的最大连续工频电压。选择 230/400 V 三相系统中的 SPD 时，其接线端的最大连续工作电压 U_c 不应小于下列规定：

①TT 系统中 $U_c \geqslant 1.5U_o$。

②TN、TT 系统中 $U_c \geqslant 1.1U_o$。

③IT 系统中 $U_c \geqslant U_o$。

注 1：在 TT 系统中 $U_c \geqslant 1.1U_o$ 是指 SPD 安装在剩余电流保护器的电源侧；$U_c \geqslant 1.5U_o$ 是指 SPD 安装在剩余电流保护器的负荷侧。

注 2：U_o 是低压系统相线对中性线的电压，在 230/400 V 三相系统中 $U_o=$ 230 V。

对以 MOV（压敏电阻）为主的箝压型 SPD 而言，当外部电压小于 U_c 时，MOV 呈现高阻值状态。如果 SPD 因电涌而动作，在泄放规定波形的电涌后，SPD 在 U_c 电压以下时应能切断来自电网的工频对地短路电流。这一特性在 IEC 标准中称为可自复性。

上面提到的 $U_c \geqslant 1.5U_o$、$U_c \geqslant 1.1U_o$、$U_c \geqslant U_o$ 等标准引自 IEC 60364-5-534，从我国供电系统实际出发，此值应增大一些，有专家认为，原因是国外配电变电所接地电阻规定为 1~2 Ω，而我国规定为 4~10 Ω，因而在发生低压相线接地故障时另两相对地电压常偏大且由于长时间过流很易烧毁 SPD。但 SPD 的 U_c 值定的偏大又会因产生残压较高而影响 SPD 的防护效果。也有些专家认为，虽然变电所接地电阻较大，但在输电线路中实现了多次接地，多次接地的并联电阻要低于变电所的接地电阻值，因此 $U_c \geqslant 1.1\ U_c$ 即可满足要求。由于后者分析较接近实际，在有关国家标准出台前，仍以 IEC 标准为准。

4）点火电压，开关型 SPD 火花放电电压，是在电涌冲击下开关型 SPD 电极间击穿电压。

5）残压 U_{res}，当冲击电流通过 SPD 时，在其端子处呈现的电压峰值。U_{res} 与冲击电涌通过 SPD 时的波形和峰值电流有关。为表征 SPD 性能，经常使用 U_{res}/U_{as}——残压比这一概念，残压比一般应小于 3，越小则表征着 SPD 性能指数越好。

6）箝位电压 U_{as}，当浪涌电压达到 U_{as} 值时，SPD 进入箝位状态。过去认为箝位电压即标称压敏电压，即 SPD 上通过 1 mA 电流时在其两端测得的电压。而实际上通过 SPD 的电流可能远大于测试电流 1 mA，这时不能不考虑 SPD 两端已经抬高的 U_{res}（残压）对设备保护的影响。从压敏电压至箝位电压的时间比较长，对 MOV 而言约为 100 ns。

7）电压保护水平 U_P（保护电平），一个表征 SPD 限制电压的特性参数，它可以从一系列的参考值中选取（如 0.08、0.09、……、1、1.2、1.5、1.8、2、……、8、10kV 等），该值应比 SPD 端子测得的最大限制电压大，与设备的耐压一致。

8）限制电压测量值，当一定大小和波形的冲击电流通过 SPD 时在其端子测得的最大电压值。

9）短时过电压 U_T，保护装置能承受的，持续短时间的直流电压或工频交流电压有效值，它比最大连续工作电压 U_c 要大。

10）电网短时过电压 U_{TOV}，电网上某一部件较长时间的短时过电压，一般称通断操作过电压。U_{TOV} 一般等于最大连续供电系统实际电压 U_{cs} 的 1.25~1.732 倍。

11）电压降（百分比）：

$$\Delta U = [(U_{in} - U_{out})/U_{in}] \times 100\% \tag{4.27}$$

式中，U_{in} 为双口 SPD 输入端电压；U_{out} 为双口 SPD 输出端电压；通过电流为阻性负载额定电流。

12）最大连续供电系统电压 U_{cs}，SPD 安装位置上的最大的电压值，它不是谐波也不是事故状态的电压，而是配电盘上的电压变及由于负载和共振影响的电压值升（降），且直接与额定电压 U_n 相关。U_{cs} 一般等于 U_n 的 1.1 倍。

13）额定放电电流 I_n：8/20 μs 电流波形的峰值，一般用于 II 类 SPD 试验中不同等级,也可用于Ⅰ、Ⅱ类试验时的预试。

14)脉冲电流 I_{imp}:由电流峰值 I_{peak} 和总电荷 Q 定义(见 IEC 61312 中雷电流参数表)。用于Ⅰ类 SPD 的工作制测试,规定 I_{imp} 的波形为 $10/350~\mu s$,也可称之为最大冲击电流。

15)最大放电电流 I_{max}:通过 SPD 的电流峰值,其大小按Ⅱ类 SPD 工作制测试的测试顺序而定, $I_{max} > I_n$,波形为 $8/20~\mu s$。

16)持续工作电流 I_c:当对 SPD 各种保护模式加上最大连续工作电压 U_c 时,保护模式上流过的电流。 I_c 实际上是各保护元件及与其并联的内部辅助电路流过的电流之和。

17)续流 I_f:工频续流主要出现在电压开关型 SPD,当冲击放电电流后,由电源系统流入 SPD 的工频电流称为续流。续流值应在几千安培,持续时间应小于或等于工频周波的半周。

18)额定负载电流 I_L:由电源提供给负载,流经 SPD 的最大持续电流有效值(一般指双口 SPD)。

19)额定泄放电流 I_{sn}:此值与当地雷电强度、电源系统型式、有无下一级 SPD 及被保护设备对电涌的敏感程度有关,SPD 的 I_{sn} 决定其尺寸大小和热容量。

20)泄漏电流:由于绝缘不良而在不应通电的路径上流过的电流。SPD 除放电闪隙外,在并联接入电网后都会有微安级的电流通过,常称为漏电流。当漏电流通过 SPD(以 MOV 为主的)时,会发出一定热量,致使发生温漂或退化,严重时还会造成爆炸,又称热崩溃。

21)温漂:在工作时,SPD 产生的工频能量超过 SPD 箱体及连接装置的散热能力,导致内部元件温度上升,性能下降,最终导致失效。

22)退化:当 SPD 长时间工作或处于恶劣工作环境时,或直接受雷击电流冲击而引起其性能下降,原技术参数改变。SPD 的设计应考虑退化在各种环境中的期限,并采用运行测试和老化性试验方法。

23)响应时间:SPD 两端施加的压敏电压到 SPD 箝位电压的时间(注:如 6)所说明的 MOV 从压敏电压到箝位电压的时间约为 100 ns)。

24)插入损耗:在特定频率下,接入电网的 SPD 插入损耗是指实验时在插入点处接通电源立即出现的,插入 SPD 之前和以后的电压的比值,一般用 dB 表示。

25)两端口 SPD 负载端耐冲击能力:双口 SPD 能承受的从输出口引入由被保护设备产生的冲击的能力。

26)热稳定性:当进行操作规定试验引起 SPD 温度上升后,对 SPD 两端施加最大持续工作电压,在指定环境温度下,在一定时间内,如果 SPD 温度逐渐下降,则说明 SPD 具有良好的稳定性。

27)外壳保护能力(IP 代码):设备外壳提供的防止与内部带电危险部分接触及外部固体物体和水进入内部的能力(具体标准见 IEC 60529)。

28)承受短路能力:SPD 能承受的可能发生的短路电流值。

29)过电流保护装置:安装在 SPD 外部的一种防止当 SPD 不能阻断工频短路电流而引起发热和损坏的过电流保护装置(如熔丝、断路器)。

30)SPD 断路器:当 SPD 失效时,一个能把 SPD 同电路断开的装置,它能防止当 SPD 失效时,接地短路故障电流损坏设备,且应能指示 SPD 失效状态。

31)漏流保护装置(RCD):一种当漏电流或不平衡电流达到一定值时便断开电路接点的机械开关或组件,又称剩余电流保护器。

32)退耦装置:当对 SPD 施加工频电压并进行冲击试验时,一个阻止冲击反馈到供电网的装置。

33)定型试验:当一个新产品设计定型后,必须进行一系列的试验来建立本身的性能指标及论证是否符合有关标准。之后,只要设计及性能不变,则不必重做定型试验,而只需做一些相关试验。

34)例行试验:对每个 SPD 或其部件进行的检查其是否符合设计要求的试验。

35)接收试验:贸易时,由用户和制造商协商同意对 SPD 或对订购品抽样进行的试验。

36)冲击试验分类

Ⅰ类试验:使用冲击放电电流 I_{imp},峰值等于冲击放电电流 I_{imp} 的峰值的 8/20 μs 冲击电流和 1.2/50 μs 冲击电压进行的试验。

Ⅱ类试验:使用标称放电电流 I_{n} 和 1.2/50 μs 冲击电压进行的试验。

Ⅲ类试验:使用 1.2/50 μs 电压,8/20 μs 电流的复合波发生器进行的试验。

37)1.2/50 μs 电压脉冲:一个电压脉冲,其波头时间(从 10% 峰值上升到 90% 峰值的时间)为 1.2 μs;半峰值时间为 50 μs。

38)8/20 μs 电流脉冲:一个电流脉冲,其波头时间为 8 μs,半峰值时间为 20 μs。

39)复合波:由发生器产生的开路电压波形为 1.2/50 μs 波,短路电流波形为 8/20 μs 电流波。当发生器与 SPD 相连,SPD 上承受的电压、电流大小及波形由发生器内阻和 SPD 阻抗决定。开路电压峰值与短路电流峰值之比为 2Ω(相当于发生器虚拟内阻 Z_{f})。短路电流用 I_{sc} 表示,开路电压用 U_{oc} 表示。

40)Ⅰ类试验的比能量 W/R:冲击电流 I_{imp} 流过 1 Ω 单位电阻时消耗的能量。它等于电流平方对时间的积分 $W/R = \int i^2 \mathrm{d}t$。

41)SPD 最大承受能量 E_{max}:SPD 未退化时能承受的最大能量,又称 SPD 的耐冲击能量。

42）二端口 SPD 的电压上升率：在设定的试验条件下，二端口 SPD 输出端测量得到的电压变化率。

43）开路电压 U_{oc}：在复合波发生器连接试品端口处的开路电压。

44）短路电流 I_{cw}：在复合波发生器连接试品端口处的预期短路电流。

45）热稳定：在引起 SPD 温度上升的动作负载试验后，在规定的环境温度条件下，给 SPD 施加规定的最大持续工作电压，如果 SPD 的温度能随时间而下降，则认为 SPD 是热稳定的。

46）性能劣化：设备和系统运行性能所发生的不期望的预期性能偏离。

47）SPD 的脱离器：把 SPD 从电源系统断开所需要的装置（内部的和/或外部的）这种断开装置不要求具有隔离能力，它防止系统持续故障并可用来给出 SPD 故障的指示。脱离器可以是内部的（内置的）或者外部的（制造厂要求的）。可具有多于一种的脱离器功能，例如过电流保护功能和热保护功能。这些功能可以组合在一个装置中或由几个装置来完成。

48）型式试验：一种新的 SPD 设计开发完成时所进行的试验，通常用来确定典型性能，并用来证明它符合有关标准。试验完成后一般不需要再重复进行试验，除非当设计改变以致影响其性能时，才需重新做相关项目试验。

49）残流 I_{PE}：SPD 按制造厂的说明连接，施加参考电压（U_{REF}）时，流过 PE 接线端子的电流。

50）状态指示器：指示 SPD 或者 SPD 的一部分的工作状态的装置。这些指示器可以是本体的可视和/或音响报警，和/或具有遥控信号装置和/或输出触头能力。

51）多极 SPD：多于一种保护模式的 SPD，或者电气上相互连接的作为一个单元供货的 SPD 组件。

52）总放电电流 I_{total}：在总放电电流试验中，流过多极 SPD 的 PE 或 PEN 导线的电流。

53）最大放电电流：具有 8/20 波形和制造厂声称幅值的流过 SPD 电流的峰值。I_{max} 等于或大于 I_{n}。

4.6.2　技术评价涉及的相关图纸

电气系统图。

4.6.3　审阅内容

审阅内容包括 SPD 的安装位置、分级、参数选择、安装方法、连接线材料、接地线材料、级间距。

（1）SPD 选择方法一：参见表 4.12—表 4.16。

表 4.12　各类防雷建筑物电源引入处 SPD 选择

SPD 选择	第一类防雷建筑物			第一、二、三类防雷建筑物		第二、三类防雷建筑物		
	独立接闪器		非独立接闪器	火灾爆炸危险埋地金属管道③	阴极保护埋地金属管道③	低压进线	高压进线（建筑物内或附设于外墙处变压器）	
	全程电缆埋地①	架空线 架空线和埋地电缆转接处②	低压进线				无低压电源引出	有低压电源引出至其他有独自敷设接地装置的配电装置
低压总配电箱处 SPD 类型	Ⅱ	Ⅰ	Ⅰ	Ⅰ	Ⅰ	Ⅰ	Ⅱ	Ⅰ
电流波形（μs）	8/20	10/350	10/350	10/350	10/350	10/350	8/20	10/350
每一保护模式冲击电流 I_{imp}（kA）	—	≥10	≥12.5	≥25（一类）≥20（二类）	≥25（一类）≥20（二类）	≥12.5	—	≥12.5
每一保护模式冲击电流 I_n（kA）	≥5	—	—	—	—	—	≥5	—
电压保护水平 U_P（kV）	≤2.5	≤2.5	≤2.5	1.5≤U_P ≤2.5	U_{PP}④	≤2.5	≤2.5	≤2.5

注①：估算值，预期雷击的电涌电流。

注②：选用户外型Ⅰ级试验 SPD。若选用户内型，其使用温度应满足安装处的环境温度，并应安装在防护等级 IP54 的箱内。

注③：选用Ⅰ级试验的密封型 SPD；按 $I_{imp}=\dfrac{0.5I}{nm}$，每一线路内导体芯线的总根数 $m=1$，地下和架空引入的外来金属管道和线路的总数 $n=4$（按 4 线：水管、电力线、信息线、火灾爆炸危险管道或需要阴极保护的管道），一类防雷建筑物雷电流幅值：$I=200$ kA，二类防雷建筑物：$I=150$ kA，三类防雷建筑物：$I=100$ kA，计算得出表内数值。

注④：U_{PP} 小于绝缘段耐冲击电压水平，大于阴极保护电源的最大端电压。

表 4.13　各类防雷建筑物电子系统 SPD 设置

SPD 选择	一类防雷建筑物			二类防雷建筑物		三类防雷建筑物	
	独立接闪器	非独立接闪器					
线路材质	金属线②	金属线	光纤③	金属线	光纤③	金属线	光纤③
测试类别	D1	D1	B2	D1	B2	D1	B2
电流波形(μs)	10/350	10/350	5/300	10/350	5/300	10/350	10/350
电压波形(μs)	—	—	10/700	—	10/700	—	10/700
最大持续运行电压 U_c(kV)①	$\geq U_{DC}$	$\geq U_{DC}$	$\geq U_{DC}$	$\geq U_{DC}$	$\geq U_{DC}$	$\geq U_{DC}$	$\geq U_{DC}$
短路电流(kA)	≥ 2	2	0.1	1.5	0.075	1	0.05
开路电压(kV)	≥ 1	≥ 1	1~4	≥ 1	1~4	≥ 1	1~4

注①：最大持续运行电压应大于线路可能产生的最大运行电压。用于电子系统的 SPD，其标注的直流电压 U_{DC} 也可用于交流电压 U_{AC}，$U_{DC}=\sqrt{2}U_{AC}$。

注②：选用户外型 SPD。若选用户内型，其使用温度应满足安装处的环境温度，并应安装在防护等级 IP54 的箱内。

注③：当发生 S1 类雷击时，地电位升高，电气线路侧的线路或元器件可能遭到损坏，故应在引入处终端箱的电气线路侧（即金属介质侧）安装。

表 4.14　有效电压保护水平值的选取

SPD 选择	SPD 至被保护设备的线路长度 l(m)			
	$l \leq 5$	$5 < l \leq 10$		$l > 10$
SPD 安装位置	安装于被保护设备处	安装于分配电箱处或插座处		安装于电源进户处或分配电箱处
内部系统要求①	无要求	线路有屏蔽（屏蔽层两端等电位连接）	无要求	空间屏蔽＋线路屏蔽（屏蔽层两端等电位连接）	无要求
线路感应过电压 U_i②	可不考虑	可不考虑	应考虑	可不考虑	应考虑
线路振荡过电压③	可不考虑	可不考虑	可不考虑	最大加倍	最大加倍
有效电压保护水平④	$U_{p/f} \leq U_w$		$U_{p/f} \leq 0.8U_w$	$U_{p/f} \leq U_w/2$	$U_{p/f} \leq (U_w - U_i)/2$

注①：内部系统屏蔽包括：空间屏蔽和线路屏蔽。

注②：当线路长度小于或等于 5m，或建筑物（或房间）有空间屏蔽、线路屏蔽（采用有屏蔽的线路或金属线槽，且两端等电位）时，感应电压 U_i 可略去不计。

注③：通常，对小于或等于 10m 的距离，可不考虑振荡现象。

注④：对限压型 SPD：$U_{p/f}=U_p+\Delta U$；对电压开关型 SPD：$U_{p/f}=U_p$ 或 $U_{p/f}=\Delta U$ 中较大者。式中：$U_{p/f}$——SPD 有效电压保护水平，kV；U_p——SPD 电压保护水平，kV；ΔU——SPD 两端引线的感应电压降，即 $L \times (di/dt)$，户外线路进入建筑物处可按 1 kV/m 计算，在其后的可按 $\Delta U = 0.2U_p$ 计算；U_w——被保护设备的绝缘耐冲击电压额定值，kV；U_i——雷击建筑物附近，SPD 与被保护设备之间电路环路的感应过电压，kV。

表 4.15　适用于电子信息系统的电源线路浪涌保护器冲击电流和标称放电电流参数推荐值

雷电防护等级	入户总配电箱		分配电箱	设备机房配电箱和需要特殊保护的电子信息设备的电源端口	
	LPZ0 与 LPZ1 边界		LPZ1 与 LPZ2 边界	后续防护区的边界	
	$10/350\,\mu s$ Ⅰ类试验	$8/20\,\mu s$ Ⅱ类试验	$8/20\,\mu s$ Ⅱ类试验	$8/20\,\mu s$ Ⅱ类试验	$1.2/50\,\mu s$ 和 $8/20\,\mu s$ 复合波Ⅲ类试验
	$I_{imp}(kA)$	$I_n(kA)$	$I_n(kA)$	$I_n(kA)$	$U_{oc}(kV)\,I_{sc}(kA)$
A	≥20	≥80	≥40	≥5	≥10/≥5
B	≥15	≥60	≥30	≥5	≥10/≥5
C	≥12.5	≥50	≥20	≥3	≥6/≥3
D	≥12.5	≥50	≥10	≥3	≥6/≥3

表 4.16　配电系统中设备绝缘耐冲击电压额定值

设备位置	电源进线端设备	配电分支线路设备	用电设备	需要保护的电子信息设备
耐冲击电压类别	Ⅳ	Ⅲ	Ⅱ	Ⅰ
$U_w(kV)$	6	4	2.5	1.5

（2）SPD 选择方法二：计算

计算方法依《建筑物防雷设计规范：GB 50057—2010》第 4.2.4 条第 9 款、6.4.6 条、附录 E、附录 F；还应参考当地的气象条件、雷电环境，应视具体情况而定。

4.6.4　常见技术问题及解决方法

（1）Ⅰ级分类试验和Ⅱ级分类试验

符合Ⅰ级分类试验方法的 SPD 通常推荐用于高暴露处，即有外部防雷装置保护的电源线路入户处（LPZ0$_B$）；符合Ⅱ级分类试验的 SPD 通常推荐用于较少暴露处（LPZ1～n）。

（2）电源引入处第一级电涌保护器的选择

应严格执行《建筑物防雷设计规范：GB 50057—2010》关于此内容的强制规定。

（3）屋顶用电设备 SPD 参数的选择

必须同时满足《建筑物防雷设计规范：GB 50057—2010》第 4.5.4 条 1、2、3 款，但第 4.5.4 条第 3 款中关于 SPD 标称放电电流值的选择应根据具体情况而定。此项内容，技术评价应掌握以下原则：有电子信息系统的，按防雷分区参考表 4.16；无电子信息系统的，核定设计经计算给出的参数。

（4）能量匹配问题

当在一条线路上安装多组 SPD 时，因各厂家所生产的 SPD 的特性是不同的，它们之间的能量配合应依据厂房提供的相关资料。当 SPD 为同一厂商的产品时,它们之间的配制应由厂商提供。提供的资料应包括不同分类试验产品、不同 U_c、不同 U_p、不同通流能力等组合后所要求的 SPD 之间沿线路计算的距离。

由于能量匹配问题涉及诸多因素,涉及到 SPD 类型、参数、连接导线长度、安装方式、工艺、退耦元件等,鉴于目前新建建筑物的防雷设计深度无法提供判断 SPD 之间能量匹配的条件,因此对能量匹配问题仅作了解,可按要求在技术评价报告中予以提示。基本原则是:

1)前级 SPD1 的泄流能力应比后级 SPD2 的大得多,即通流量大得多(比如SPD1 应泄去 80%以上的雷电流);

2)去耦元件可采用集中元件,也可利用两级 SPD 之间连接导线的分布电感(该分布电感的值应足够大)

3)最后一级 SPD 的限压值应小于被保护设备的耐受电压。

第 5 章　特殊场所防雷装置设计技术评价

5.1　汽车加油加气站

5.1.1　防雷类别

加油站内的卸油台、油罐区、加油岛、加油机、油泵房可确定为二类防雷建筑物，供配电室、站房可按三类防雷建筑物要求；

加气站内的气储罐、卸车泵、充装泵、充装台、加气机、加气岛等可确定为二类防雷建筑物，供配电室、站房可按三类防雷建筑物要求。

5.1.2　接闪器要求

（1）当加油加气站内的站房和罩棚等建筑物需要防直击雷时，应采用接闪带（网）保护，当罩棚采用金属屋面时，宜利用屋面作为接闪器，但应符合下列规定：

板间的连接应是持久的电气贯通，可采用铜锌合金焊、熔焊、卷边压接、缝接、螺钉或螺栓连接。

金属板下面不应有易燃物品，热镀锌钢板的厚度不应小于 0.5 mm，铝板的厚度不应小于 0.65 mm，锌板的厚度不应小于 0.7 mm。

金属板应无绝缘被覆层。

薄的油漆保护层或 1 mm 厚沥青层或 0.55 mm 厚聚氯乙烯层不属于绝缘被覆层。

（2）当爆炸危险环境，金属罐顶壁厚不小于 4 mm，并且呼吸阀安装有阻火器装置时，金属罐顶可作为接闪器使用，否则罐顶部分应设计接闪器保护，保护范围应符合《建筑物防雷设计规范：GB 50057—2010》附录 D 的规定。

5.1.3　等电位接地要求

（1）钢制油罐、LPG 储罐、LNG 储罐和 CNG 储气瓶（组）必须进行防雷接地，接地点不应少于 2 处。CNG 加气母站和 CNG 加气子站的车载 CNG 储气瓶组拖车停放场地，应设两处临时用固定防雷接地装置。

金属油罐接地体应设计为环状，其接地点不应少于两处，且两处接地点弧形间距小于 30 m。

加油加气站的电气接地应符合下列规定：

防雷接地、防静电接地、电气设备的工作接地、保护接地及信息系统的接地等，宜共用接地装置，其接地电阻应按其中接地电阻值要求最小的接地电阻值确定。

若独立设置时，防直击雷接地装置与防雷电感应、防静电接地装置的距离应大于 3 m；当各自单独设置接地装置时，油罐、LPG 储罐、LNG 储罐和 CNG 储气瓶（组）的防雷接地装置的接地电阻、配线电缆金属外皮两端和保护钢管两端的接地装置的接地电阻，不应大于 10 Ω，电气系统的工作和保护接地电阻不应大于 4 Ω，地上油品、LPG、CNG 和 LNG 管道始、末端和分支处的接地装置的接地电阻，不应大于 30 Ω。

（2）当 LPG 储罐的阴极防腐符合下列规定时，可不另设防雷和防静电接地装置：

LPG 储罐采用牺牲阳极法进行阴极防腐时，牺牲阳极的接地电阻不应大于 10 Ω，阳极与储罐的铜芯连线横截面积不应小于 16 mm²。

LPG 储罐采用强制电流法进行阴极防腐时，接地电极应采用锌棒或锌镁复合棒，其接地电阻不应大于 10 Ω，接地电极与储罐的铜芯连线横截面不应小于 16 mm²。

（3）埋地钢制油罐、埋地 LPG 储罐和埋地 LNG 储罐，以及非金属油罐顶部的金属部件和罐内的金属部件，应与非埋地部分的工艺金属管道相互做好电气连接并接地。

（4）加油加气站内油气放散管在接入全站共用接地装置后，可不单独做防雷接地。

（5）地上或管沟敷设的油品管道、LPG 管道、LNG 管道和 CNG 管道，应设防静电和防雷电感应的共用接地装置，其接地电阻不应大于 30 Ω。

加油加气站的汽油罐车、LPG 罐车和 LNG 罐车卸车场地，应设卸车或卸气时用的防静电接地装置，并应设置能检测跨接线及监视接地装置状态的静电接地仪。

在爆炸危险区域内工艺管道上的法兰、胶管两端等连接处，应用金属线跨接。当法兰的连接螺栓不少于 5 根时，在非腐蚀环境下可不跨接。

（6）油罐车卸油用的卸油软管、油气回收软管与两端接头，应保证可靠的电气连接。

（7）采用导静电的热塑性塑料管道时，导电内衬应接地；采用不导静电的热塑性塑料管道时,不埋地部分的热熔连接件应保证长期可靠的接地,也可采用专用密封帽将连接管件的电熔插孔密封,管道或接头的其他导电部件也应接地。

(8)防静电接地装置的接地电阻不应大于 100 Ω。

(9)油品罐车、LPG 罐车、LNG 罐车卸车场地内用于防静电跨接的固定接地装置,不应设置在爆炸危险 1 区。

(10)平行敷设的管道、构架和电缆金属外皮等长金属物,其净距小于 100 mm 时,应采用金属线跨接,跨接点的间距不应大于 30 m;

交叉敷设的管道、构架和电缆金属外皮等长金属物,其交叉处净距小于 100 mm 时,应在交叉处跨接。

(11)加气枪和加气机的金属外壳必须形成等电位并与接地装置连接。

(12)液化石油气罐车卸车场地,应设置罐车卸车使用的防静电接地装置。

(13)管道的法兰盘或螺纹接头间的过渡电阻应小于 0.03 Ω。

5.1.4　防雷电波侵入要求

供配电线路应采用埋地穿金属管敷设,其金属管应在进站处和出地处分别与防雷接地装置连接一次,当采用电缆沟敷设时,电缆沟内必须充沙填实,供配电线路不得与输气管道、热力管道同沟敷设。

加油加气站的信息系统应采用铠装电缆或导线穿钢管配线。配线电缆金属外皮两端、保护钢管两端均应接地。

加油加气站信息系统的配电线路首、末端与电子器件连接时,应装设与电子器件耐压水平相适应的过电压(电涌)保护器。

380/220 V 供配电系统宜采用 TN-S 系统,当外供电源为 380 V 时,可采用 TN-C-S 系统。供电系统的电缆金属外皮或电缆金属保护管两端均应接地,在供配电系统的电源端应安装与设备耐压水平相适应的过电压(电涌)保护器。

所装设的电源 SPD 必须为防爆型。

5.2　油库

5.2.1　防雷类别要求

(1)易燃液体泵房(棚)的防雷应按第二类防雷建筑物设防。

(2)非金属油罐应按一类防雷建筑物设防雷保护措施。

5.2.2　接闪器要求

（1）油罐呼吸阀管口外的以下空间应处于接闪器的保护范围内，当有管帽时应按《建筑物防雷设计规范：GB 50057—2010》表 4.2.1 确定，当无管帽时，应为管口上方半径 5 m 的半球体。

（2）若非金属储油罐采用架空接闪网作保护装置，其网格不应大于 6 m×4 m 或 5 m×5 m，引下线不应少于两根，并沿储油罐四周均匀对称敷设，间距不应大于 12 m。

（3）若非金属储油罐采用架空接闪线作保护装置，其和各种突出储油罐顶的阻火器、呼吸阀、量油孔等部件的垂直距离不应小于 3 m。

（4）储存易燃液体的储罐防雷设计，应符合下列规定：

1）装有阻火器的地上卧式储罐的壁厚和地上固定钢顶储罐的顶板厚度大于或等于 4 mm 时，可装设接闪器。铝顶储罐和顶板厚度不小于 4 mm 的钢储罐，应装设接闪器，接闪器应保护整个储罐。

2）外浮顶储罐或内浮顶储罐可不装设接闪器，但应采用两根导线将浮顶或罐体做电气连接。外浮顶储罐的连接导线应选用横截面不小于 50 mm² 的扁平镀锡软铜复绞线或绝缘阻燃护套软铜复绞线；内浮顶储罐的连接导线应选用直径不小于 5 mm 的不锈钢钢丝绳，或浮顶与罐体用截面不小于 25 mm² 的铜芯线作电气连接，连接点不应少于两处，其弧间距不大于 30 m。

储存可燃液体的钢储罐，可不装设接闪器，但应做防雷接地。

3）人工洞油库的金属呼吸管和金属通风管露出洞外的部分，应装设独立的接闪杆，其保护范围应高出管口 2 m，独立接闪杆距管口的水平距离不得小于 3 m。

5.2.3　接地等电位要求

（1）金属储油罐必须作环形防雷接地，接地点不应少于两处，其接地点之间的弧形距离不应大于 30 m，防直击雷接地电阻不大于 10 Ω，防雷电感应接地电阻不大于 30 Ω。

（2）外浮顶储罐应利用浮顶排水管将罐体与浮顶做电气连接，每条排水管的跨接导线应采用一根横截面不小于 50 mm² 扁平镀锡软铜复绞线。

（3）外浮顶储罐的转动浮梯两侧，应分别与罐体和浮顶各做两处电气连接。

（4）覆土储罐的呼吸阀、量油孔等法兰连接处，应做电气连接并接地，接地电阻不宜大于 10 Ω。

（5）储罐上安装的信号远传仪表，其金属外壳应与储罐体做电气连接。

（6）在爆炸危险区域内的工艺管道，应采取下列防雷措施：

1)工艺管道的金属法兰连接处应跨接,当不少于 5 根螺栓连接时,在非腐蚀环境下可不跨接。

2)平行敷设于地上或非充沙管沟内的金属管道,其净距小于 100 mm 时,应用金属线跨接,跨接点的间距不应大于 30 m。管道交叉点净距小于 100 mm 时,其交叉点应用金属线跨接。

(7)接闪杆(网、带)的接地电阻不宜大于 10 Ω。

(8)进出洞的金属管道,从洞口算起,如果其外部埋地长度超过 50 m 时,可不设接地装置,当其外部未埋地或埋地长度不足 50 m 时,除应在进洞口处作一接地外,还应在洞外 100 m 以内再作一处接地,两处接地电阻均不大于 20 Ω。

(9)人工洞油库内的各种金属物均应作可靠的电气连接。

(10)管道的法兰盘或螺纹接头间的过渡电阻应小于 0.03 Ω,宜采用金属线跨接。

(11)金属储油罐的所有金属物必须作好电气连接,如阻火器、呼吸阀、量油孔、透光孔等。

(12)交叉敷设的管道、构架和电缆金属外皮等长金属物在交叉处跨接。

(13)架空输油管道每隔 25 m 接地一次,接地电阻小于 20 Ω。

(14)卸油场地,应设置供罐车卸油使用的防静电接地装置。

(15)储罐甲、乙和丙 A 类液体的钢储罐,应采取防静电措施。

(16)钢储罐的防雷接地装置可兼作防静电接地装置。

(17)甲、乙和丙 A 类液体的汽车罐车或罐桶设施,应设置与罐车或桶跨接的防静电接地装置。

(18)易燃和可燃液体装卸码头,应设与船舶跨接的防静电接地装置。此接地装置应与码头上的液体装卸设备的静电接地装置合用。

(19)用于易燃和可燃液体装卸场所跨接的防静电接地装置,宜采用能检测接地状况的防静电接地仪器。

地上或非充沙管沟敷设的工艺管道的始端、末端、分支外以及直线段每隔 200～300 m 处,应设置防静电和防雷击电磁脉冲的接地装置。

(20)移动式的接地连接线,宜采用带绝缘护套的软导线,通过防爆开关,将接地装置与液体装卸设施相连。

(21)防静电接地装置的接地电阻,不宜大于 100 Ω。

(22)石油库内防雷接地、防静电接地、电气设备的工作接地、保护接地及信息系统的接地等,宜共用接地装置,其接地电阻应按其中要求最小的接地电阻值确定。当石油库设有阴极保护时,共用接地装置的接地材料不应使用腐蚀电位比钢材正的材料。

(23)防雷防静电接地电阻检测断接接头、消除人体静电装置,以及汽车罐车装卸场地的固定接地装置,不得设在爆炸危险 1 区。

5.2.4　防电波侵入措施

(1)油库的 380/220 V 供配电系统,应采用 TN-S 接地形式,PE 线与 N 线必须分开设置;

(2)供配电线路应采用金属铠装电缆埋地或穿金属管敷设,其金属铠甲或金属管应在进油库处和出地处分别与防雷接地装置连接一次,当采用电缆沟敷设时,电缆沟内必须充沙填实,供配电线路不得与输气管道、热力管道同沟敷设;

(3)油库内的信息系统的信息线路与电子器件连接端,必须装设与线路相匹配的信号电涌保护器;

(4)供配电线路上应设置三级电源电涌防护措施,在油库的总进线配电箱(屏)处应设置第一级防护装置,在各设备用房分配电箱处应设置第二级防护装置,在各设备处装设第三级防护装置;

(5)所装设的电源电涌保护器应选用与保护的设备耐压水平相适应的防爆型电涌保护器。

5.3　石 油 化 工

5.3.1　防雷场所分类

石油化工装置的各种场所,应根据能形成爆炸性气体混合物的环境状况和空间气体的消散条件,划分为厂房房屋类或户外装置区。

半敞开式和敞开式厂房应根据其敞开程度,划分为厂房房屋类或户外装置区。有屋顶而墙面敞开的大型压缩机厂房应划为厂房房屋类;设备管道布置稀疏的框架应划为户外装置区。

5.3.2　厂房房屋类场所基本规定

石油化工装置厂房房屋类场所的防雷设计,应符合现行国家标准《建筑物防雷设计规范:GB 50057—2010》的有关规定。

5.3.3　户外装置区的基本规定

(1)石油化工装置的户外装置区,遇下列情况之一时,应进行防雷设计:

1)安置在地面上高大、耸立的生产设备;

2)通过框架或支架安置在高处的生产设备和引向火炬的主管道等;

3)安置在地面上的大型压缩机、成群布置的机泵等转动设备;

4)在空旷地区的火炬、烟囱和排气筒;

5)安置在高处易遭受直击雷的照明设施。

(2)石油化工装置的户外装置区,遇下列情况之一时,可不进行防直击雷的设计:

1)在空旷地区分散布置的水处理场所(重要设备除外);

2)安置在地面上分散布置的少量机泵和小型金属设备;

3)地面管道和管架。

(3)防直击雷的接闪器,宜利用生产设备的金属实体,但应符合下列规定:

1)用作接闪器的生产设备应为整体封闭、焊接结构的金属静设备;转动设备不应用作接闪器;

2)用作接闪器的生产设备应有金属外壳,其易受直击雷的顶部和外侧上部应有足够的厚度。钢制设备的壁厚应大于或等于 4 mm,其他金属设备的壁厚应符合表5.1 中的厚度 t 值。

表 5.1　做接闪器设备的金属板最小厚度

材料	防止击(熔)穿的厚度 t(mm)	不防止击(熔)穿的厚度 t'(mm)
不锈钢、镀锌钢	4	0.5
钛	4	0.5
铜	5	0.5
铝	7	0.65
锌	—	0.7

(4)易受直击雷击且在附近高大生产设备、框架和大型管架(已用做接闪器)等的防雷保护范围之外的下列设备,应另行设置接闪器:

1)转动设备;

2)不能作为接闪器的金属静设备;

3)非金属外壳的静设备。

(5)接闪器的防雷保护范围应符合现行国家标准《建筑物防雷设计规范:GB 50057—2010》滚球法的规定,滚球半径取 45 m。

(6)防直击雷的引下线应符合下列规定:

1)安置在地面上高大、耸立的生产设备应利用其金属壳体作为引下线;

2)生产设备通过框架或支架安装时,宜利用金属框架作为引下线;

3)高大炉体、塔体、桶仓、大型设备、框架等应至少使用两根引下线,引下线的间距不应大于 18 m;

4)在高空布置、较长的卧式容器和管道(送往火炬的管道)应在两端设置引下线,

间距超过 18 m 时应增加引下线数量;

5)引下线应以尽量直的和最短的路径直接引到接地体去,应有足够的截面和厚度,并在地面以上加机械保护;

6)利用柱内纵向主钢筋作为引下线时,柱内纵向主钢筋应采用箍筋绑扎或焊接。

(7)防雷电感应措施应符合下列规定:

1)在户外装置区场所,所有金属的设备、框架、管道、电缆保护层(铠装、钢管、槽板等)和放空管口等,均应连接到防雷电感应的接地装置上;设专用引下线时,钢筋混凝土柱子的钢筋,亦应在最高层顶和地面附近分别引出接到接地线(网);

2)(7)中第 1)款所述的金属物体,与附近引下线之间的空间距离应按式(5.1)确定:

$$S \geqslant 0.075 k_c l_x \tag{5.1}$$

式中,S 为空间距离(m);k_c 为分流系数;单根引下线取 1,两根引下线及接闪器不成闭合环的多根引下线取 0.66,接闪器成闭合环的或网状的多根引下线取 0.44;l_x 为引下线计算点到接地连接点的长度(m)。

(8)当(7)中第 2)款所要求的空间距离得不到满足时,应在高于连接点的地方增加接地连接线。

(9)平行敷设的金属管道、框架和电缆金属保护层等,当其间净距小于 100 mm 时应每隔 30 m 进行金属连接,相交或相距处净距小于 100 mm 时亦应连接。

(10)防雷接地装置应符合下列规定:

1)利用金属外壳作为接闪器的生产设备,应在金属外壳底部不少于 2 处接至接地体;

2)另行设置的接闪器(杆状、线状和网状的),均应有引下线直接接至接地体;

3)防直击雷用的每根引下线所直接连接的接地体,其冲击接地电阻不应大于 10 Ω,并应符合下列规定:

①在接地电阻计算中,每处接地体各支线的长度应小于或等于接地体的有效长度 l_e;

②l_e 的计算和冲击接地电阻的换算应按现行国家标准《建筑物防雷设计规范:GB 50057—2010》的有关规定执行。

(11)防雷电感应的接地体,其工频接地电阻不应大于 30 Ω。

(12)防直击雷的接地体宜与防雷电感应和电力设备用的接地体连接成一个整体的接地系统。

(13)安装在生产设备易受直击雷的顶部和外侧上部并直接向大气排放的排放设施(如放散管、排风管、安全阀、呼吸阀、放料口、取样口、排污口等,以下称放空口),应根据排放的物料和浓度、排放的频率或方式、正常或事故排放、手动或自动排放等生产操作性质和安装位置分别进行防雷保护。

（14）属于下列情况之一的放空口,应设置接闪器加以保护。此时,放空口外的爆炸危险气体空间应处于接闪器的保护范围内,且接闪器的顶端应高出放空口 3 m,水平距离宜为 4～5 m。

1）储存闪点低于或等于 45℃ 的可燃液体的设备,在生产紧急停车时连续排放,其排放物达到爆炸危险浓度者（包括送火炬系统的管路上的临时放空口,但不包括火炬）;

2）储存闪点低于或等于 45℃ 的可燃液体的储罐,其呼吸阀不带防爆阻火器者。

（15）属于下列情况之一的放空口,宜利用金属放空管口作为接闪器。此时,放空管口的壁厚应大于或等于表 5.1 中的厚度 t' 值,且应在放空管口附近将放空管与最近的金属物体进行金属连接。

1）储存闪点低于或等于 45℃ 的可燃液体的设备,在生产正常时连续排放的排放物可能短期或间断地达到爆炸危险浓度者;

2）储存闪点低于或等于 45℃ 的可燃液体的设备,在生产波动时设备内部超压引起的自动或手动短时排放的排放物可能达到爆炸危险浓度的安全阀等;

3）储存闪点低于或等于 45℃ 的可燃液体的设备,停工或维修时需短期排放的手动放料口等;

4）储存闪点低于或等于 45℃ 的可燃液体储罐上带有防爆阻火器的呼吸阀;

5）在空旷地点孤立安装的排气塔和火炬。

5.3.4　炉区

（1）金属框架支撑的炉体,其框架应用连接件与接地装置相连。

（2）混凝土框架支撑的炉体,应在炉体的加强板（筋）类附件上焊接接地连接件,引下线应采用沿柱明敷的金属导体或直径不小于 10 mm 的柱内主钢筋。

（3）直接安装在地面上的小型炉子,应在炉体的加强板（筋）上焊接接地连接件,接地线与接地连接件连接后,沿框架引下与接地装置相连。

（4）每台炉子应至少设两个接地点,且接地点间距不应大于 18 m,每根引下线的冲击接地电阻不应大于 10 Ω。

（5）炉子上接地连接件应安装在框架柱子上高出地面不低于 450 mm 的位置。

（6）炉子上的金属构件均应与炉子的框架做等电位连接。

5.3.5　塔区

（1）独立安装或安装在混凝土框架内、顶部高出框架的钢制塔体,其壁厚大于或等于 4 mm 时,应以塔体本身作为接闪器。

（2）安装在塔顶和外侧上部突出的放空管应处于接闪器的保护范围内。

(3)塔体作为接闪器时,接地点不应少于 2 处,并应沿塔体周边均匀布置,引下线的间距不应大于 18 m。引下线应与塔体金属底座上预设的接地耳相连。与塔体相连的非金属物体或管道,当处于塔体本身保护范围之外时,应在合适的地点安装接闪器加以保护。

(4)每根引下线的冲击接地电阻不应大于 10 Ω。接地装置宜围绕塔体敷设成环形接地体。

(5)用于安装塔体的混凝土框架,每层平台金属栏杆应连接成良好的电气通路,并应通过引下线与塔体的接地装置相连。引下线应采用沿柱明敷的金属导体或直径不小于 10 mm 的柱内主钢筋。利用柱内主钢筋作为引下线时,柱内主钢筋应采用箍筋绑扎或焊接,并在每层柱面预埋 100 mm×100 mm 钢板,作为引下线引出点,与金属栏杆或接地装置相连。

5.3.6　静设备区

(1)独立安装或安装在混凝土框架顶层平面、位于其他物体的防雷保护范围之外的封闭式钢制静设备,其壁厚大于或等于 4 mm 时,应利用设备本体作为接闪器。

(2)非金属静设备、壁厚小于 4 mm 的封闭式钢制静设备,当其位于其他物体的防雷保护范围之外时,应设置接闪器加以保护。

(3)安装在静设备上突出的放空管应处于接闪器的保护范围内。

(4)金属静设备本体作为接闪器时,接地点不应少于 2 处,并应沿静设备周边均匀布置,引下线的间距不应大于 18 m。引下线应与静设备底座预设的接地耳相连。

(5)每根引下线的冲击接地电阻不应大于 10 Ω,接地装置宜围绕静设备敷设成环形接地体。

(6)当金属静设备近旁有其他防雷引下线或金属塔体时,应将静设备的接地装置与后者的接地装置相连,且静设备与引下线或金属塔体的距离应满足 5.3.3 中(7)的规定。

(7)安装有静设备的混凝土框架顶层平面,其平台金属栏杆应被连接成良好的电气通路,并应通过沿柱明敷的引下线或柱内主钢筋与接地装置相连。

5.3.7　机器设备区

(1)机器设备和电气设备应位于防雷保护范围内以避免遭受直击雷。

(2)机器设备和电动机安装在同一个金属底板上时,应将金属底板接地;安装在单独混凝土底座上或位于其他低导电材料制作的单独底板上时,应将二者用接地线连接在一起并接地。

5.3.8　罐区

（1）金属罐体应做防直击雷接地，接地点不应少于 2 处，并应沿罐体周边均匀布置，引下线的间距不应大于 18 m。每根引下线的冲击接地电阻不应大于 10 Ω。

（2）储存可燃物质的储罐，其防雷设计应符合下列规定：

1）钢制储罐的罐壁厚度大于或等于 4 mm，在罐顶装有带阻火器的呼吸阀时，应利用罐体本身作为接闪器；

2）钢制储罐的罐壁厚度大于或等于 4 mm，在罐顶装有无阻火器的呼吸阀时，应在罐顶装设接闪器，且接闪器的保护范围应符合 5.3.14 中（2）的规定；

3）钢制储罐的罐壁厚度小于 4 mm 时，应在罐顶装设接闪器，使整个储罐在保护范围之内。罐顶装有呼吸阀（无阻火器）时，接闪器的保护范围应符合第 5.3.14 中（2）的规定；

4）非金属储罐应装设接闪器，使被保护储罐和突出罐顶的呼吸阀等均处于接闪器的保护范围之内，接闪器的保护范围应符合 5.3.14 中（2）的规定；

5）覆土储罐当埋层大于或等于 0.5 m 时，罐体可不考虑防雷设施。储罐的呼吸阀露出地面时，应采取局部防雷保护，接闪器的保护范围应符合 5.3.14 中（2）的规定；

6）非钢制金属储罐的顶板厚度大于或等于表 5.1 中的厚度 t 值时，应利用罐体本身作为接闪器；顶板厚度小于表 5.1 中的厚度 t 值时，应在罐顶装设接闪器，使整个储罐在保护范围之内。

（3）浮顶储罐（包括内浮顶储罐）应利用罐体本身作为接闪器，浮顶与罐体应有可靠的电气连接。

5.3.9　可燃液体装卸站

（1）露天装卸作业场所不装设接闪器，但应将金属构架接地。

（2）棚内装卸作业场所，应在棚顶装设接闪器。

（3）进入装卸站台的可燃液体输送管道应在进入点接地，冲击接地电阻不应大于 10 Ω。

5.3.10　粉、粒料桶仓

（1）独立安装或成组安装在混凝土框架上，顶部高出框架的金属粉、粒料桶仓，当其壁厚满足表 5.1 中的厚度 t 值的要求时，应利用粉、粒料桶仓本体作为接闪器，并应做良好接地。

（2）独立安装或成组安装在混凝土框架上，顶部高出框架的非金属粉、粒料桶仓应装设接闪器,使粉、粒料桶仓和突出桶仓顶的呼吸阀等均处于接闪器的保护范围之内,并应接地。接闪导线网格尺寸不应大于 10 m×10 m 或 12 m×8 m。

（3）每一金属桶仓接地点不应少于 2 处,并应沿粉、粒料桶仓周边均匀布置,引下线的间距不应大于 18 m。

5.3.11　框架、管架和管道

（1）钢框架、管架应通过立柱与接地装置相连,其连接应采用接地连接件,连接件应焊接在立柱上高出地面不低于 450 mm 的地方,接地点间距不应大于 18 m。每组框架、管架的接地点不应少于 2 处。

（2）混凝土框架及管架上的爬梯、电缆支架、栏杆等钢制构件,应与接地装置直接连接或通过其他接地连接件进行连接,接地间距不应大于 18 m。

（3）管道防雷设计应符合下列规定:

1）每根金属管道均应与已接地的管架做等电位连接,其连接应采用接地连接件;多根金属管道可互相连接后,应再与已接地的管架做等电位连接;

2）平行敷设的金属管道,其净间距小于 100 mm 时,应每隔 30 m 用金属线连接。管道交叉点净距小于 100 mm 时,其交叉点应用金属线跨接;

3）管架上敷设输送可燃性介质的金属管道,在始端、末端、分支处,均应设置防雷电感应的接地装置,其工频接地电阻不应大于 30 Ω;

4）进、出生产装置的金属管道,在装置的外侧应接地,并应与电气设备的保护接地装置和防雷电感应的接地装置相连接。

5.3.12　冷却塔

（1）不同型式的冷却塔,防雷设计应符合下列规定:

1）自然通风开放式冷却塔和机械鼓风逆流式冷却塔应将塔顶平台四周金属栏杆连接成良好电气通路,应在塔顶平面用接闪导线组成金属网格;在爆炸危险环境2区其网格尺寸不大于 10 m×10 m 或 12 m×8 m,在非爆炸危险区域不大于 20 m×20 m 或 24 m×16 m;

2）自然通风风筒式冷却塔（双曲线塔）应在塔檐上装设接闪器;

3）机械抽风逆流式或横流式冷却塔应在风筒檐口装设接闪器,塔顶平台四周金属栏杆连接成良好电气通路,每个风筒至少用 2 根引下线连至两侧金属栏杆;

4）建筑物顶附属的小型机械抽风逆流式冷却塔,如处在建筑物防雷保护范围之内,则不另装接闪器。

（2）引下线应沿冷却塔建、构筑物四周均匀或对称布置,其间距不应大于 18 m。自然通风风筒式冷却塔宜利用塔体主筋作为引下线。其他型式冷却塔可以利用柱内钢筋作为引下线,也可沿柱面敷设引下线。

(3)爆炸危险环境 2 区的冷却塔,每根引下线的冲击接地电阻不应大于 10 Ω。非爆炸危险环境的冷却塔,每根引下线的冲击接地电阻不应大于 30 Ω。接地装置宜围绕冷却塔建、构筑物敷设成环形接地体。

(4)冷却塔钢楼梯,进、出水钢管应与冷却塔接地装置相逢。

5.3.13 烟囱和火炬

(1)钢筋混凝土烟囱,宜在烟囱上装设接闪器保护。多支接闪杆应连接在闭合环上。

(2)当钢筋混凝土烟囱无法采用单支或双支接闪杆保护时,应在烟囱口装设环形接闪线,并应对称布置三支高出烟囱口不低于 0.5 m 的接闪杆。

(3)钢筋混凝土烟囱的钢筋应在其顶部和底部与引下线和贯通连接的金属爬梯相连。宜利用钢筋作为引下线,可不另设专用引下线。

(4)高度不超过 40 m 的烟囱,可只设 1 根引下线,超过 40 m 时应设 2 根引下线。可利用螺栓连接或焊接的一座金属爬梯作为 2 根引下线用。

(5)金属烟囱应作为接闪器和引下线。

(6)金属火炬筒体应作为接闪器和引下线。

5.3.14 户外装置区的排放设施

(1)安装在高空易受直击雷的放散管、呼吸阀、排风管和自然通风管等应采取防直击雷和防雷电感应的措施。

(2)未装阻火器的排放爆炸危险气体或蒸气的放散管、呼吸阀和排风管等,管口外的以下空间应处于接闪器保护范围内:

1)当有管帽时,接闪器的保护范围应按《建筑物防雷设计规范:GB 50057—2010》表 4.2.1 确定;

2)当无管帽时,接闪器的保护范围应为管口上方半径 5 m 的半球体空间。接闪器与雷闪的接触点应设在上述空间之外。

(3)未装阻火器的排放爆炸危险气体或蒸气的放散管、呼吸阀和排风管等,当其排放物达不到爆炸浓度、长期点火燃烧、一排放就点火燃烧及发生事故时排放物才达到爆炸浓度时,接闪器可仅保护到管帽,无管帽时可仅保护到管口。

(4)未装阻火器的排放爆炸危险气体或蒸气的放散管、呼吸阀和排风管等,位于附近其他的接闪器保护范围之内时可不再设置接闪器,应与防雷装置相连。

(5)排放无爆炸危险气体或蒸气的放散管、呼吸阀和排风管等,装有阻火器的排放爆炸危险气体或蒸气的放散管、呼吸阀和排风管等,未装阻火器的排放爆炸危险气体或蒸气的放散管、呼吸阀和排风管等,当其排放物达不到爆炸浓度、长期点火燃烧、一排放就点火燃烧及发生事故时排放物才达到爆炸浓度时,其防雷设计应符合下列规定:

1)金属制的放散管、呼吸阀和排风管等,应作为接闪器与附近生产设备的防雷装置相连;

2)在附近生产设备(已作为接闪器)的保护范围之外的非金属制的放散管、呼吸阀和排风管等应装设接闪器,接闪器可仅保护到管帽,无管帽时可仅保护到管口。

5.4　城镇燃气

5.4.1　燃气场站及设施

(1)燃气场站内储气罐和瓶装销售库房等具有爆炸危险的建(构)筑物的防雷设计应符合《建筑物防雷设计规范:GB 50057—2010》中有关规定。

(2)爆炸危险环境内电气防爆等级应符合《爆炸危险环境电力装置设计规范:GB 50058—2014》的分区设计规定;站区内可能产生静电危害的设备、管道以及管道分支均应采取防静电措施,且符合《化工企业静电接地设计规程:HGJ 28—1990》的规定。

(3)站区内储气罐、罐区、露天工艺装置及建(构)筑物之间,以及与站外建(构)筑物之间的间距应符合防雷安全距离的要求。

(4)电气和电子系统设备所在建筑物,应根据《建筑物防雷设计规范:GB 50057—2010》的要求进行防直击雷设计。

(5)在一个建筑物内,防雷接地、电气设备接地和电子系统设备接地宜采用共用接地系统,其接地电阻值应取其中最小值。

5.4.2　储罐区

(1)在罐区内架设的独立接闪杆、架空接闪线(网)应将被保护物置于 LPZ0$_B$ 区内。

(2)当储罐顶板厚度大于或等于 4 mm 时,可以用顶板作为接闪器;若储罐顶板厚度小于 4 mm 时,应装设防直击雷装置。

(3)浮顶罐、内浮顶罐不应直接在罐体上安装接闪杆(线),但应将浮顶与罐体用两根导线作电气连接。浮顶罐连接导线应选用截面积不小于 25 mm^2 的软铜复绞线。对于内浮顶罐,钢质浮盘的连接导线应选用截面积不小于 16 mm^2 的软铜复绞线;铝质浮盘的连接导线应选用直径不小于 1.8 mm 不锈钢丝绳。

（4）钢储罐必须做防雷接地，接地点沿储罐周长的间距不应大于 30 m，且接地点不应少于 2 处。

（5）钢储罐防雷接地装置的冲击接地电阻不宜大于 10 Ω，当钢储罐仅做防雷电感应接地时，接地电阻不宜大于 30 Ω。

（6）罐区内储罐顶法兰盘等金属构件应与罐体可靠电气连接，不少于 5 根螺栓连接的法兰盘在非腐蚀环境下可不跨接。放散塔顶的金属构件亦应与放散塔可靠电气连接。

（7）当地下液化石油气罐的阴极防腐采取下列措施时，可不再单独设置防雷和防静电接地装置：

液化石油气罐采用牺牲阳极法进行阴极防腐时，牺牲阳极的接地电阻不应大于 10 Ω，阳极与储罐的铜芯连接线截面积不应小于 16 mm^2；

液化石油气罐采用强制电流法进行阴极防腐时，接地电极必须用锌棒或镁锌复合棒，接地电阻不应大于 10 Ω，接地电极与储罐的铜芯连线截面积不应小于 16 mm^2。

5.4.3　调压计量区

（1）调压站冲击接地电阻不应大于 10 Ω，设于空旷地带的调压站及采用高架遥测天线的调压站应单独设置防雷装置。

（2）当调压站内、外燃气金属管道为绝缘连接时，调压装置必须接地，接地电阻应小于 10 Ω。

（3）在调压站内设备应置于 $LPZ0_B$ 区内。

5.4.4　燃气金属管道

（1）地上燃气金属裸管与其他金属构架和其他长金属物敷设时，当净距小于 100 m，应用金属线跨接，跨接点的间距不应大于 30 m；交叉敷设时，当净距小于 100 mm，其交叉点应用金属线跨接。

（2）架空敷设的燃气金属管道的始端、末端、分支处以及直线段每隔 200～300 m 处，应设置接地装置，其冲击接地电阻不应大于 30 Ω，接地点应设置在固定管墩（架）处。距离建筑物 100 m 内的管道，应每隔 25 m 左右接地一次，其冲击接地电阻不应大于 10 Ω。

（3）进出民用建筑物的燃气管道的进出口处，室外的屋面管、立面管、放散管、引入管和燃气设备等处均应有防雷（静电）接地装置。

（4）燃气金属管道不宜敷设于屋面，当实际条件无法满足时，燃气金属管道可敷设于屋面，但应满足以下要求：

1)屋面燃气金属管道、放散管、排烟管、锅炉等燃气设施应设置在接闪器保护范围之内,并远离建筑物的屋檐、屋角、屋脊等易受雷击的部位。

2)屋面放散管和排烟管处应加装阻火器,并就近与屋面防雷装置可靠电气连接。

3)屋面燃气金属管道与接闪网(带)至少应有两处采用金属线跨接,且跨接点的间距不应大于 30 m。当屋面燃气金属管道与接闪网(带)的水平、垂直净距小于100 mm 时,也应跨接。

4)屋面燃气管与接闪网之间的金属跨接线可采用圆钢或扁钢,圆钢直径不应小于 8 mm,扁钢截面积不应小于 48 mm²,其厚度不应小于 4 mm,宜优先选用圆钢。

5)当燃气金属管道由 LPZ0 区进入 LPZ1 区时,应设绝缘法兰或钢塑接头,绝缘法兰或钢塑接头两端的管道应分别就近接地,接地电阻不应大于 10 Ω。

(5)建筑物外墙燃气金属立管

1)建筑用户分支管与外墙燃气金属管相连时,应设绝缘法兰或钢塑接头、绝缘法兰或钢塑接头两端的管道应分别就近接地,接地电阻不应大于 10 Ω。

2)沿外墙竖直敷设的燃气金属管道应每隔不大于 12 m 就近与建筑物防雷装置可靠连接。

(6)引入场站的燃气金属管道

1)进出场站的架空燃气金属管道,应在场站外侧做接地处理。

2)当燃气金属管道采用地上引入方式进入场站时,电绝缘装置宜设置在引入管出室外地面后穿墙入户之前的位置,将抱箍设于室内燃气金属管道上,再通过等电位连接线接至总等电位连接箱。如采用绝缘法兰与外置放电间隙的组合形式,则应安装在室内燃气总阀门之后,绝缘法兰两端的燃气金属管道用放电间隙进行连接后,通过等电位连接线接至总等电位连接箱。

(7)其他

1)埋于地下的金属跨接线,应采取直径不小于 10 mm 热镀锌圆钢。

2)当燃气金属管道螺纹连接的弯头、阀门、法兰盘等连接处的过渡电阻大于0.03 Ω 时,连接处应用金属线跨接。

5.4.5　电气系统

(1)城镇燃气系统的低压配电线路宜全线采用金属铠装电缆或护套电缆穿钢管埋地敷设,在各防雷分区交界处应将电缆的金属外皮或外套钢管接到等电位带上。

架空线路严禁穿越场站。自场站外引入场站的电源线路,当全线采用埋地电缆有困难时,可采用架空线,并应使用一段金属铠装电缆或护套电缆穿钢管直接埋地引入,其埋地长度不小于 15 m。

(2)场站内配电系统的电缆金属外皮或电缆金属保护管两端均应接地,按照《建筑物防雷设计规范:GB 50057—2010》要求安装多级电涌保护器,宜为三级。该电涌保护器应具有防爆功能,且与被保护设备的耐压水平相匹配。

(3)场站内接地干线应在不同方向上与接地装置(站场内地网)相连接,且不应小于两处。

(4)场站内电气设备的接地装置与独立接闪杆的接地装置应分开设置,间距应不小于 3 m,与装设在建筑物上的接闪杆的接地装置可合并设置;与防雷电感应的接地装置亦可合并设置。接地电阻值应取其中最小值。

(5)场站内所有电气设备金属外壳应接地,除照明灯具以外的电气设备,应采用专门的接地线,该接地线如与相线敷设在同一保护管内时,应具有与相线相同的绝缘,其他金属管线、电缆的金属外皮等,只能作为辅助接地线,且接地电阻值应小于 4 Ω。

(6)场站内的照明灯具可利用可靠电气连接的金属管线系统作为接地线,但不能利用输送易燃物质的金属管道。

5.4.6　电子系统

(1)城镇燃气系统的室外信号传输线为金属线时,宜全线采用有屏蔽层的电缆或穿金属管道埋地敷设,在入户处应将电缆的金属外皮或外套金属管接到总等电位连接带上。

当全线采用埋地电缆有困难时,可采用架空线,并使用一段金属铠装电缆或护套穿钢管直接埋地引入,其埋地长度不小于 15 m。

(2)场站内电子系统的线缆,宜在各防雷区界面处安装 SPD。

(3)金属导电物(如通信线、数据线、控制电缆等的金属屏蔽层和金属管道等)进出建筑物和电子系统机房时,应在各防雷区界面处做等电位连接。

(4)场站内监控仪表,探头等电子系统设备应置于 LPZ0_B 区内,其配线电缆应采用屏蔽电缆或穿管保护,并接地处理。

5.5　旅游景区

5.5.1　一般规定

(1)旅游景区的雷电灾害防御,应在调查地理、地质、土壤、气象、环境等条件和雷电活动规律、旅游景区特点等基础上,确定防护措施。

(2)旅游景区的游道、观景台、索道系统、电气和电子系统、游乐园(场)、水景设施、古树名木及其他空旷地带等易发生雷电灾害的场所,应在雷电灾害风险评估的基础上,采取综合防雷措施。

（3）旅游景区应建立雷电监测预警系统，并制定应急预案。

（4）旅游景区防雷装置每年雨季前应进行安全检测。

5.5.2　防护措施

（1）人身安全

1）旅游景区区域雷电灾害风险评估应包括以下内容：

雷击大地平均密度（Ng）、雷电频次及时空分布、雷暴主要移动路径等；

地理、地质、土壤、水系等情况；

游人常聚集的位置、人数及时间等情况；

树木、森林的分布及易发生林火的位置等情况；

景区内防雷装置现状；

景区内电气系统和电子系统状况；

景区内和毗邻区域的雷灾史；

应急措施现状；

一旦出现灾情可能对周边及环境造成的危害；

其他需考虑的因素。

2）应根据区域雷电灾害风险评估的结果，绘制出景区内雷电灾害高、中、低风险区，并按风险等级采取不同的防护措施。

3）旅游景区内建（构）筑物的防雷措施应符合《建筑物防雷设计规范：GB 50057—2010》的要求。位于中风险区和高危险区不属于第三类防雷及以上类别的孤立建（构）筑物，如亭、阁等，宜作为应急避雷（雨）场所，并应安装防直击雷的外部防雷装置。

4）防接触电压和跨步电压措施应符合《建筑物防雷设计规范：GB 50057—2010》的要求。

（2）游道

1）应根据风险等级在游道两侧设置防雷装置或具备防雷功能的应急避雷亭，在高风险区避雷亭或防雷装置之间的间距不大于 100 m，在中风险区其间距不宜大于 150 m，并应在明显位置设置指示牌。

2）应急避雷亭安装的外部防雷装置应符合《建筑物防雷设计规范：GB 50057—2010》和表 5.2 的要求，其形状。颜色等应与其周围环境相协调。

表 5.2　接闪器保护范围及接地电阻的要求

风险等级	滚球半径（m）	接地电阻（Ω）
高风险区	60	≤20
中风险区	100	≤30

3)游道两侧的护栏宜采用高强度非金属材料,当采用金属材料时,应不大于25 m 做一次接地,并应设置警示牌。

4)当游道两侧有高大乔木时,可将短接闪装置安装在树冠。

(3)观景平台

1)高、中风险区的观景平台应设置独立接闪杆对平台上 2.5 m 高度平面进行防雷保护。接闪杆的保护范围计算应符合《建筑物防雷设计规范:GB 50057—2010》附录 D 的要求,其滚球半径应符合表 5.2 的要求。当平台面积较大时,独立接闪杆应设置在雷暴活动最多方位。

2)防接触电压和跨步电压的措施应符合《建筑物防雷设计规范:GB 50057—2010》的要求。

3)接地电阻值应符合表 5.2 的要求。

4)观景平台四周的护栏宜采用高强度非金属材料,当采用金属材料时,应不大于25 m 做一次接地,并应设置警示牌。

(4)电气系统和电子系统

1)电气系统

①索道供电、驱动控制、站内安全装置、线路安全装置、索道照明等电气系统的防雷与接地应符合《客运架空索道安全规范:GB 12352—2007》和《架空索道工程技术规范:GB 50127—2007》的要求。索道站房等建(构)筑物防雷措施应符合《索道工程防雷技术规范:QX/T 225—2013》的要求。

②室外照明系统宜采用铠装电缆或穿金属管埋地敷设。宜利用金属灯杆作为接闪器和引下线,灯杆接地电阻应符合表 5.2 的要求。

③在独立接闪杆、架空接闪线、架空接闪网的支柱上,严禁悬挂电话线、广播线、电视接收天线及低压架空线等。

④高风险区防雷电电涌侵入和闪电感应的措施应符合《建筑物防雷设计规范:GB 50057—2010》中 4.3 节的规定;中风险区防闪电电涌侵入措施应符合《建筑物防雷设计规范:GB 50057—2010》中 4.4 的规定。

⑤高风险区和中风险区的等电位连接和屏蔽措施应符合《建筑物防雷设计规范:GB 50057—2010》中第 6 章的规定。

⑥高风险区和中风险区各独立建筑物的总配电柜里面,电涌保护器的选择应符合表 5.3。

表 5.3 总配电柜里面电涌保护器的选择参数

风险等级	电涌保护器的试验类型	冲击电流 I_{imp}（kA）	电涌保护水平 U_p（kV）	最大持续运行电压 U_c（V）
高风险区	I 级分类（T1）	12.5	2.5	按低压配电系统的接地形式和《建筑物防雷设计规范：GB 50057—2010》中表 J.1.1 规定
中风险区	I 级分类（T1）	12.5	2.5	

注：同一建（构）筑物总配电盘上是否需加第 II 级电涌保护器，应符合《建筑物防雷设计规范：GB 50057—2010》中 6.4 的要求，当需要安装时，应安装 II 级分类试验产品，标称放电电流（I_n）应不小于 5 kA，U_p 应不大于 2.5 kV。

2）电子系统

①景区内的电视监控系统、广播系统、售（验）票系统、紧急电话系统、停车场管理系统、信息指示等电子系统的室外部分均应在外部防护装置的保护范围内。

②电子系统的电源线、信号线在高风险区应全线采用铠装电缆或穿金属管埋地敷设。在中风险区宜埋地敷设。

③电子系统的线路在不同地点进入建筑物时，宜设若干等电位连接带，并应将其就近连到环形接地体、内部环形导体或在电气上贯通并连通到接地体或基础接地体的钢筋上。

④位于高风险区和中风险区的电子系统信息技术设备（ITE）机房的屏蔽、等电位连接措施应符合《建筑物防雷设计规范：GB 50057—2010》中第 6 章的规定。

⑤高风险区和中风险区各独立建（构）筑物的 ITE 接口处，电涌保护器的选择应符合表 5.4 的要求。

表 5.4 ITE 接口处电涌保护器的选择参数

风险等级	电涌保护器的试验类型	冲击电流 I_{imp}（kA）	电涌保护水平 U_p（kV）	最大持续运行电压 U_c（V）
高风险区	D1	1.5	$\leqslant 0.8U_w$	$\geqslant 1.2U_n$
中风险区	D2	1.0		

注：当第一级电涌保护器的电压保护水平（U_p）大于 $0.8U_w$ 时，宜在被保护的设备上安装第二级电涌保护器。第二级电涌保护器的选择应符合《低压电涌保护器 第 22 部分：电信和信号网络的电涌保护器（SPD）选择和使用导则：GB/T 18802.22—2008》的要求。

（5）游乐园（场）

1）游乐园（场）建（构）筑物的防雷设计应符合《建筑物防雷设计规范：GB 50057—2010》的规定。

2）游乐园（场）内 2.5m 高度应置于直击雷防护区（LPZ0$_B$）内。

3)宜利用游乐设施金属结构作为外部防雷装置,金属构件应符合 GB8408—2000 和《建筑物防雷设计规范:GB 50057—2010》的规定。

4)在高耸金属游乐设施保护范围之外的空旷地带,高风险区应装设独立接闪装置或架空接闪线进行保护,滚球半径取 60 m。中风险区应装设独立接闪装置或架空接闪线进行保护,滚球半径取 100 m。接闪杆或架空接闪线的支柱不应架设在游人集中通过或停留的位置。

5)外部防雷装置的接地电阻应符合表 5.2 的要求。防接触电压和跨步电压的措施应符合《建筑物防雷设计规范:GB 50057—2010》的要求。

(6)水景设施

1)水井泵房及控制机房建(构)筑物防雷设计应符合《建筑物防雷设计规范:GB 50057—2010》的规定。

2)水景低压配电系统设计应符合 GB 50054—2011 的要求。

3)喷水池的电气安全、等电位连接应符合 GB 16895.19—2002 的要求。

(7)树木

1)高风险区或曾经发生过雷击火灾的林区,宜选择地势较高的位置并均匀布设独立接闪杆。接闪杆的高度应高于树冠 1 m 以上。当有高大乔木可利用时,可将长度不超过 1 m 的短接闪杆安装在树冠的干支上,引下线应沿树干弯曲敷设到接地装置。接地电阻不应大于 30 Ω。

2)古树名木的防雷应符合《古树名木防雷技术规范:QX/T 231—2014》的要求。

5.6　煤炭工业矿井

5.6.1　建(构)筑物防雷

(1)防雷分类

1)遇下列情况之一时,应划分为第二类防雷建(构)筑物:

①瓦斯抽放站、主要通风机房;

②预计雷击次数大于 0.25 次/a 的办公楼、生产调度楼、井架、井棚等一般性建(构)筑物。

2)遇下列情况之一时,应划分为第三类防雷建(构)筑物:

①预计雷击次数大于等于 0.05 次/a,且小于等于 0.25 次/a 的办公楼、生产调度楼、井架、井棚等一般性建(构)筑物;

②高度在 15 m 及其以上的井架、井棚、烟囱、水塔等孤立高耸建(构)筑物;

③带式运输走廊等。

（2）防护措施

建（构）筑物应采取防直击雷、防侧击雷、防雷电波侵入的措施。

1）接闪器应符合下列规定：

①接闪器宜采用接闪带（网）、接闪杆或由其混合组成，保护范围按《建筑物防雷设计规范：GB 50057—2010》附录 D 确定，滚球半径取 45 m（二类）/60 m（三类）。接闪带应装设在建（构）筑物易受雷击的屋角、屋脊、女儿墙及屋檐等部位，接闪网格构成尺寸不大于 10 m×10 m 或 12 m×8 m（二类）/20 m×20 m 或 24 m×16 m（三类），采用的圆钢直径不应小于 8 mm，扁钢截面积不应小于 48 mm²，厚度不应小于 4 mm。

②装设在建（构）筑物上的所有接闪杆应采用接闪带或等效的环行导体相互连接。接闪杆的规格应符合《建筑物防雷设计规范：GB 50057—2010》中的 5.2.2 的要求。

③引出屋面的金属物体可不装设接闪器，但应与屋面防雷装置相连。

④在屋面接闪器保护范围之外的非金属物体应装设接闪器，并应与屋面防雷装置相连。

⑤宜利用建（构）筑物的金属屋面作为接闪器。下面有易燃物品时，钢板厚度不应小于 4 mm，铜板厚度不应小于 5 mm，铝板厚度不应小于 7 mm。无易燃物品时，金属板厚度不应小于 0.5 mm。

⑥瓦斯抽放站的金属放散管可不装接闪器，但应与防雷装置相连。

⑦明装的接闪器应热镀锌或涂漆做防腐蚀处理。

2）防雷引下线应优先利用建（构）筑物钢筋混凝土柱的钢筋或钢结构柱，建（构）筑物外廊易受雷击的各个角上的柱子的钢筋或钢柱应被利用。专设引下线时，宜采用圆钢或扁钢，优先采用圆钢；圆钢直径不应小于 8 mm，扁钢截面积不应小于 48 mm²，厚度不应小于 4 mm；根数不应小于 2 根；并应沿建（构）筑物四周均匀或对称布置，间距不应大于 18 m（二类）/25 m（三类）；每根引下线的冲击接地电阻不宜大于 10 Ω（二类）/30 Ω（三类）。

3）防雷接地装置与其他接地装置共用时，接地电阻应以接入系统要求的最小值确定。进出建（构）筑物的各种金属管线在进出口处与防雷接地装置相连。

4）当建（构）筑物高度超过 45 m（二类）/60 m（三类）时，应采取下列防侧击雷措施：

①建（构）筑物内钢构架和钢筋混凝土的钢筋应相互连接。

②应利用钢柱或钢筋混凝土柱子内钢筋作为防雷装置引下线，结构圈梁中的钢筋应连成闭合回路，并应与防雷引下线相连。

③将 45 m（二类）/60 m（三类）及以上外墙上的栏杆、门窗等较大金属物直接或通过预埋件与防雷装置相连。

5)防雷电波侵入的措施应符合下列规定：

①低压线路全长采用埋地电缆或敷设在架空金属线槽内的电缆引入时,在入户端应将电缆金属外皮、金属线槽接地。

②采用架空线直接引入时,应在入户段装设避雷器与绝缘子铁脚、金具连在一起接地。靠近建(构)筑物的两基电杆上的绝缘子铁脚应接地,其冲击接地电阻不应大于 30 Ω。

③架空线转金属铠装电缆或护套电缆穿钢管直接埋地引入时,其埋地长度不应小于 15 m,瓦斯抽放站电缆的埋地长度应符合式(5.2)的要求。在电缆与架空线连接处装设户外型电涌保护器。电涌保护器、电缆金属外皮、钢管和绝缘子铁脚、金具等应连在一起接地,冲击接地电阻不应大于 30 Ω。

$$l \geqslant 2\sqrt{\rho} \tag{5.2}$$

式中,l 为埋地长度,单位为米(m);ρ 为埋地电缆处的土壤电阻率,单位为欧姆米(Ω·m)。

④架空和直接埋地的金属管道在进出建(构)筑物处应就近与接地装置相连;无法连接时,架空管道接地,其冲击接地电阻不应大于 10 Ω。

⑤瓦斯抽放站的金属管道在站房和井口与防雷接地装置相连。金属管道的壁厚不应小于 4 mm。弯头、阀门、法兰盘等连接处的过渡电阻大于 0.03 Ω 时,应采用截面积不小于 6 mm² 的金属线跨接。

⑥垂直敷设的金属管道等金属物应在顶端和低端与防雷装置相连。

6)接地装置

①接地装置应优先利用自然接地体,不满足要求时,应增设人工接地体。

②垂直埋设的接地极,宜采用圆钢、钢管、角钢等。水平埋设的接地极宜采用扁钢、圆钢等。人工接地装置的最小尺寸应符合表 5.5 的规定。

表 5.5　人工接地装置的最小尺寸

材料及形状	最小尺寸			
	直径(mm)	截面积(mm²)	厚度(mm)	镀层厚度(μm)
热镀锌扁钢	—	90	3	63
热镀锌角钢	—	90	3	63
热镀锌圆钢	10	—	—	63
热镀锌深埋钢棒接地极	16	—	—	63
热镀锌钢管	25	—	2	47
带状裸铜	—	50	2	—
裸铜管	20	—	2	—

5.6.2 供配电系统的防雷

(1)变配电所直击雷防护应采用接闪杆或接闪线,所内的建(构)筑物、架构均应处于保护范围内。保护范围宜按《建筑物防雷设计规范:GB 50057—2010》附录 D 确定,滚球半径取 45 m。

(2)一般情况下,宜装设独立接闪杆,接闪杆应设置环境接地,工频接地电阻不应大于 10 Ω。但条件不允许时,可在构架上装设接闪杆,距离变压器不应小于 15 m。

(3)接闪杆接地点与电缆沟最小距离不应小于 3 m。

5.6.3 电子系统的防雷

(1)电子系统的防雷应符合《建筑物防雷设计规范:GB 50057—2010》的规定。

(2)矿井线缆的布设应符合下列要求:

1)瓦斯、产量监控、人员定位等信息电缆不宜和电力电缆敷设在巷道同侧。受条件限制时,井筒内同侧敷设的净距不应小于 0.3 m;巷道内同侧敷设的净距不应小于 0.1 m,电力电缆应敷设在信息电缆的下方。

2)电缆与水管、风管平行敷设时,电缆应位于管道的上方,净距不小于 0.3 m。

3)有电力机车的接触网区段,瓦斯、产量监控、人员定位的信息线路宜全线采用光缆或屏蔽电缆。

(3)电涌保护器在室内装设时,宜设置在便于检查的位置。电涌保护器在室外或井口装设时宜选用室外型产品,选用室内型产品时应装设在防护等级不低于 IP54 箱内。

5.6.4 矿井的防雷

(1)井下设备的接地

1)进入井下电缆的金属外皮、接地芯线应和设备的金属外壳连在一起接地。

2)所有电气设备的保护接地装置和局部接地装置应与主接地装置连接在一起形成接地网,并符合下列规定:

①主接地装置应采用面积不小于 0.75 m^2、厚度不小于 5 mm 的钢板,在主、副水仓各埋设 1 块。

②局部接地装置应采用面积不小于 0.6 m^2、厚度不小于 3 mm 的钢板或等效面积的钢管,可平放在巷道水沟深处。局部接地装置设置在其他地点时,采用直径不小于 35 mm、长度不小于 1.5 m 的钢管制成,管上均匀钻 20 个直径不小于 5 mm 的透孔。

3）接地装置的工频接地电阻不应大于 2 Ω。

（2）井口等电位连接及接地

1）井口外接地装置的冲击接地电阻应小于 5 Ω。

2）由地面直接引入、引出矿井的带式运输机支架、各种金属管道、架空人车支架、运输轨道、架空运输索道、电缆的金属外层等金属设施，应在井口附近就近与接地装置相连，连接点不应少于两处。

3）架空进入矿井的带式运输机支架、架空金属管道、架空人车支架、架空运输索道的支架及其他长金属物，在距离井口 200 m 内每隔 25 m 做一次接地，其冲击接地电阻不应大于 20 Ω。宜利用金属支架或钢筋混凝土支架的焊接钢筋网作为引下线，其钢筋混凝土基础宜作为接地装置。

4）平行敷设的管道、运输轨道、带式运输机支架、电缆外皮等长金属物，当净距小于 0.1 m 时应采用金属线跨接，跨接点的间距不应大于 30 m；当交叉净距小于 0.1 m 时，其交叉处也应跨接。

5）钢丝绳的两端应做接地，中间部位可利用其支撑轮和绞盘做接地处理。

（3）供配电线路的防雷

1）经由地面引入井下的供配电线路应采用中性点不接地的方式。

2）引入井下的线路宜全线采用铠装电缆或护套电缆穿钢管直接埋地敷设。

3）架空引入井下的线路应改用铠装电缆埋地敷设，埋地长度应符合 5.6.1 中（2）5）③的要求。采用架空线路入井前的接户线绝缘子铁脚应接地，冲击接地电阻不宜大于 30 Ω。当土壤电阻率在 200 Ω·m 及其以下时接地电阻可不作要求。在架空线与电缆连线处装设与电缆绝缘水平相一致的避雷器。

4）当矿井提升机、主通风道、主排水泵、空气压缩机、带式运输机等重要设施采用多回路电源供电时，备用回路宜装设避雷器。

（4）信息线路的防雷

1）引入井下的信息线路宜全线采用光缆，将光缆金属挡潮层、加强芯两端接地。在井口有线路分线和转接时，两条光缆的金属挡潮层、加强芯均匀接地。

2）引入井下的信息线路采用电缆时，应全线采用屏蔽电缆埋地敷设。在架空线与电缆连接处，应装设户外型电涌保护器。电涌保护器、电缆金属外皮、钢管和绝缘子铁脚、金具等应连在一起接地。

（5）接触网的防雷

1）接触网应在下列地点装设避雷器：

①牵引变电所架空馈电线出口及线路上每隔独立区段内；

②接触线与馈电连接处；

③地面电机车接触线终端；

④矿井平硐硐口。

2)避雷器宜选用直流阀型避雷器或并联球形放电间隙,其参数应符合下列规定:

①标称放电电压不应小于 1.2U_m;

②标称通流量不应小于 30 kA。

3)避雷器的接地线应接在单轨道电路回流钢轨上,或接在双轨道电路扼流变压器中性点上。

4)接触的防雷接地装置应与承力索、杆塔、钢轨相连,宜利用杆塔的钢筋混凝土基础,其工频接地电阻不应大于 10 Ω。

5.7　文物古建筑

5.7.1　下列古建筑必须采取防雷措施

(1)屋顶或室内有大量金属物;

(2)建筑物特别潮湿;

(3)位于好坏土壤分界处;

(4)靠近河、湖、池、沼或苇塘;

(5)位于地下水露头处或有水线、泉眼处;

(6)山区、森林地区或有金属矿床地区;

(7)旷野中的突出建筑物;

(8)靠近铁路线、铁路交叉点和铁路终端;

(9)附近有高压架空线路或较集中的地下电缆;

(10)位于山谷风口或土山顶部;

(11)雷电活动频繁地区;

(12)曾经遭受雷击的地区。

5.7.2　古建筑防雷装置需特殊注意的地方

(1)接闪器应根据古建筑的屋顶形制在正脊、垂脊、角脊、博脊和戗脊等部位或沿檩条在屋面步架上敷设和安装。遇屋脊上非金属物时,应在其上方敷设,沿檐口布置的接闪带不应妨碍落叶时节雨水的排泄。

(2)古建筑应优先利用自然金属物做接闪器,古建筑屋顶上的铁刹、金属链、宝顶和金属屋面等金属导体,其材质和规格符合接闪器要求时,可作为接闪器。

(3)不应在由易燃材料构成的屋顶上直接安装接闪器。在可燃材料构成的屋顶上安装接闪器时,接闪器的支撑架应采用隔热层与可燃材料之间隔离。

（4）在古建筑上安装接闪器时，应根据古建筑的特点，结合屋顶形制，选择适合于在易受雷击部位安装，接闪器应对屋顶天窗、突出屋顶的非导体饰物等装置进行有效保护。

（5）对水平突出古建筑外墙或塔身的屋檐、垂檐、飞檐、翼角、挑檐等部位，应在接闪器保护范围之内。

（6）采用多根专设引下线时，宜优先布置在易受雷击部位应沿最短的路径接地。

（7）在木结构上敷设引下线时，引下线的金属支撑架应采用隔热层与木结构之间隔离。

（8）引下线在砖、木质结构体上固定时，应经管理部门允许。宜采用钻孔方法安装固定支架。

（9）引下线经过木质构件时，与木质构件的间距不宜小于 50 mm。

（10）单体古建筑专设防雷引下线不应少于 2 根，宜沿外墙均匀对称布置，优先布置了易受雷击部位，间距应满足相应的防雷类别，当保持间距有困难时，应按下列方式处理：

1）当不宜在古建筑正面敷设引下线时，可在古建筑正面两个墙角各敷设 1 根引下线，同时在侧墙和通进深方向的外廊柱上、后墙等较隐蔽处增加引下线，使引下线的平均间距不大于相应的防雷类别所要求的间距。当后墙无法安装引下线时，可仅在侧墙和通进深方向的外廊柱上增加引下线，使引下线间距满足要求。

2）当古建筑跨距较大，且无法在跨距中间设引下线时，应在跨距两端设引下线，并应减少该引下线与其他引下线之间的距离，使平均间距不大于相应的防雷类别要求。

（11）每座古建筑的每根引下线的防雷接地体宜互相连接、围绕建筑物形成环路，接地电阻不宜大于 10Ω。

（12）古建筑物上部的宝顶、尖塔、吻兽、宝盒以及斗拱下的防鸟铁丝网等金属物体与部件，均应与防雷装置可靠连接。古建筑屋脊上的宝盒，在翻修屋顶取下后，若无特殊的要求，不宜重新放置。

（13）接闪器和引下线沿古建筑轮廓的弯曲，应保证其弯曲段开口部分的直线距离，不小于其弯曲段全长的 1/10，并不得弯折成直角或锐角。

（14）外部防雷装置设置在古建筑的主要出入口、经常有人通过或停留的场所时，外部防雷装置必须采取人身安全保护措施。

（15）当古建筑内设有低压配电系统和电子系统时，应采取防闪电电涌侵入和雷击电磁脉冲的措施。

5.7.3　古建筑附近有高大树木时应采取的措施

（1）在树顶装接闪杆，沿树干敷设引下线、下部埋设接地装置。

（2）枯朽树木的洞穴应用灰膏封堵严密，防止积水，导致树木接闪。

（3）树木本身或根部不得缠绕钢筋，并不得在树下堆放大量金属物体。

（4）古建筑周围栽种树木时，树干距建筑物不应小于 5 m，树冠距建筑物不应小于 3 m。

（5）接闪器与引下线的固定宜采取具有伸展功能的夹具或抱箍，并内垫橡胶条，不得用钉子钉在树身上和用铁丝捆扎在树身上，引下线在主树干段宜穿金属管做屏蔽和隔热处理。

（6）在距树干根部 5 m 范围内的土壤中，不应使用降阻剂和电解离子接地体等材料。

第 6 章　防雷装置设计技术评价报告内容

　　防雷装置设计技术评价报告书应包括技术评价依据及资料、项目概况说明、项目所在地环境条件、防雷装置设计情况和技术评价意见等内容。

6.1　技术评价依据及资料

　　(1)技术评价依据包括有关法律、法规及技术标准、图集等。
　　(2)技术评价资料包括涉及的图纸、文件、补正回复意见等。

6.2　项目概况说明

　　项目概况说明包括：
　　项目名称；
　　建设地点；
　　报审单位名称、联系人及电话；
　　建设单位名称、联系人及电话；
　　设计单位名称、设计单位资质证号；
　　建筑单体数量；
　　最高建筑高度；
　　总占地面积、总建筑面积；
　　使用性质；
　　结构形式；
　　外部保护对象名称及防雷类别；
　　内部保护对象名称及防护级别；
　　供配电情况及其配电系统接地方式；
　　电源线路、信号线路进入建筑物的方式；

进出建筑物管线情况；

工程进度；

需要另行设计或深化设计及后续设计的内容及其他需要说明的事项等。

6.3　项目所在地环境条件

项目所在地环境条件包括：

项目地理环境；

气象环境；

相关防雷装置及周边建构筑物情况；

预计可能发生雷灾的危害程度等。

6.4　防雷装置设计情况

防雷装置设计技术评价报告书应包括建筑物的防雷类别、电子信息系统雷电防护等级、建筑单体、接闪器、引下线、接地装置、侧击雷防护、等电位联结、SPD、专项工程的电子信息系统的防雷设计情况。具体内容如下：

（1）建筑物的防雷类别。

（2）有电子信息系统的建筑物应有建筑物电子信息系统雷电防护等级设计。

（3）建筑单体的下列信息：

结构形式；

使用性质；

地上层数、地下层数；

长、宽、高；

占地面积、建筑面积；

建筑物年预计雷击次数；

火灾危险类别等情况。

（4）接闪器的下列信息：

类型；

材质规格；

敷设方式；

接闪网格尺寸；

防腐措施；

相对高度；

安全距离；

保护对象；

保护范围；

屋顶航空障碍灯、卫星天线、太阳能集热板、冷却塔等用电设备防直击雷措施；

屋顶放散管防直击雷措施；

突出屋面其他非金属物防雷装置措施。

(5)引下线的下列信息：

数量；

间距；

材质规格；

敷设方式；

与接闪器易受雷击部位就近连接情况；

与接闪器和接地装置的连接情况；

防腐措施；

防接触电压措施；

防跨步电压措施；

测试点等。

(6)接地装置的下列信息：

接地形式；

材质规格；

防腐措施；

接地电阻；

如有人工接地装置，应有人工接地装置结构、接地体埋设深度、间距等。

(7)侧击雷防护的下列信息：

侧击雷防护措施、装置设置情况；

玻璃幕墙构架、金属门窗、其他金属物设置情况；

侧击雷防护装置、玻璃幕墙构架、金属门窗等金属物的电气连接及接地情况。

(8)等电位联结的下列信息：

建筑物内较大金属物接地；

突出屋面金属物接地；

平行敷设长金属物跨接；

总等电位联结；

局部等电位联结；

电子系统的所有外露导电物、正常不带电金属外壳等电位连接；

竖直敷设金属管道及金属物的等电位连接；

进出建筑物金属管线接地；

机房电子信息系统等电位连接等。

(9)SPD 的下列信息：

保护级别；

参数；

安装位置。

(10)专项工程的电子信息系统的下列信息：

系统机房位置；

机房屏蔽；

建筑物内线缆屏蔽、建筑物外线缆屏蔽；

信息系统线缆与其他管线之间净距、信息系统线缆与电力线缆净距等。

6.5　防雷装置设计技术评价意见

防雷装置设计技术评价意见主要包括以下四方面内容：

(1)涉及的防雷装置设计原则是否符合规范相关要求。

(2)防雷装置的具体实施应严格按核查通过的设计文件和相关规范、图集及核查意见要求进行，以保证防雷装置的系统性能。

(3)另行设计施工的防雷装置及随工程进度(后续,深化)设计施工的防雷装置应由具有相应资质的单位实施。

(4)另行、后续、深化设计的防雷装置应申报核查。

参考文献

建设部,2007.民用爆破器材工程设计安全规范:GB 50089—2007[S].北京:中国计划出版社.

建设部,2008.民用建筑电气设计规范:JGJ 16—2008[S].北京:中国计划出版社.

李祥超,等,2011.电涌保护器(SPD)原理与应用[M].北京:气象出版社.

梅卫群,江燕如,2008.建筑防雷工程与设计[M].北京:气象出版社.

倪林,吴刚,2005.防雷装置设计审核探索[M].北京:气象出版社:1-27.

全国防爆电气设备标准化技术委员会,2007.可燃性粉尘环境用电气设备　第3部分:存在或可能存在可燃性粉尘的场所分类:GB 12476.3—2007/IEC 61241-10:2004[S].北京:中国计划出版社.

全国雷电防护标准化技术委员会,2015.建筑物防雷装置检测技术规范:GB/T 21431—2015[S].北京:中国标准出版社.

全国雷电防护标准化技术委员会,2008.雷电防护　第3部分:建筑物的物理损坏和生命危险:GB/T 21714.3—2008/IEC623053:2006[S].北京:中国标准出版社.

全国雷电防护标准化技术委员会,2015.雷电防护　第2部分:风险管理:GB/T 21714.2—2015/IEC623052:2010[S].北京:中国标准出版社.

史新,2013.建筑电气工程快速识图技巧[M].北京:化学工业出版社:1-35,103-112.

孙沛平,1999.怎样看建筑施工图[M].3版.北京:中国建筑工业出版社:7-26,47-79.

天津设计院,2013.天津市建筑标准设计图集(2012版):12D10　防雷与接地工程[S].北京:中国建筑出版社.

肖稳安,2009.防雷工程检测验收及雷电灾害风险评估[M].北京:气象出版社.

肖稳安,2009.雷电和防护及防雷工程管理[M].北京:气象出版社.

肖稳安,2015.雷电与防护专业知识问答[M].北京:气象出版社.

阎伟,2010.电工实用技术入门与提高[M].北京:人民邮电出版社:1-49.

杨仲江,2014.防雷装置检测审核与验收[M].北京:气象出版社:176-196,242-280.

张义军,陶善昌,马明,等,2009.雷电灾害[M].北京:气象出版社.

中国建筑标准设计研究院,2007.国家建筑标准设计图集:防雷与接地安装(2003年合订本)(D501-1～4)[S].北京:中国计划出版社.

中国建筑标准设计研究院,2008.国家建筑标准设计图集:民用建筑电气设计与施工(2008年合订本)(D501-6～8)[S].北京:中国计划出版社.

中国气象局,2009.爆炸和火灾危险环境防雷装置检测技术规范:QX/T 110—2009[S].北京:气象出版社.

中国气象局,2009.城镇燃气防雷技术规范:QX/T 109—2009[S].北京:气象出版社.

中国气象局,2009.防雷装置设计技术评价规范:QX/T 106—2009[S].北京:气象出版社.

中国气象局,2011.煤炭工业矿井防雷设计规范:QX/T 150—2011[S].北京:气象出版社.

中国气象局,2012.防雷工程专业设计常用图形符号:QX/T 166—2012[S].北京:气象出版社.

中国气象局,2015.旅游景区雷电灾害防御技术:QX/T 264—2015[S].北京:气象出版社.

住房和城乡建设部,2010.建筑物防雷设计规范:GB 50057—2010[S].北京:中国计划出版社.

住房和城乡建设部,2011.建筑物防雷工程施工与质量验收规范:GB 50601—2010[S].北京:中国计划出版社.

住房和城乡建设部,2011.石油化工装置防雷设计规范:GB 50650—2011[S].北京:中国计划出版社.

住房和城乡建设部,2012.建筑物电子信息系统防雷技术规范:GB 50343—2012[S].北京:中国计划出版社.

住房和城乡建设部,2014.爆炸危险环境电力装置设计规范:GB 50058—2014[S].北京:中国计划出版社.

住房和城乡建设部,2014.古建筑防雷工程技术规范:GB 51017—2014[S].北京:中国计划出版社.

住房和城乡建设部,2014.加油加气站规范(2014修订):GB 50156—2012[S].北京:中国计划出版社:36-37,52.

住房和城乡建设部,2014.建筑设计防火规范:GB 50016—2014[S].北京:中国计划出版社.

住房和城乡建设部,2014.石油库设计规范:GB 50074—2014[S].北京:中国计划出版社:70-73,83-95.